未来への翼

カーリフトのパイオニアが起こした革新と挑戦

鈴木忠彦
SUZUKI TADAHIKO

幻冬舎 MC

未来への翼

——カーリフトのパイオニアが起こした革新と挑戦——

目次

はじめに

私は神奈川県相模原市で、荷物積み降ろし用の昇降装置「リフトゲート」を製造する会社を経営している。
会社を創業し、日本で初めてカーリフトの専業メーカーとしてスタートしてから、半世紀が過ぎた。その間に、トラックだけでなく、福祉車や路線バスなど、さまざまな業界にカーリフトを提供し、多くの人の役に立てたことをとてもうれしく思っている。

あれは二十歳の頃だった。府中の商店街を歩いていたら、占い師が座っているのが目に入った。特に占いを信じる方ではなかったが、その時はなぜかみてもらおうと思い、名前や生年月日を伝えた。

笊竹を何十本も筒に入れガチャガチャと振った後、占い師は言った。

「あなたは三十歳を過ぎたら、事業を起こして成功します」

聞いた時は、そんなことはあるわけないだろうと信じられなかったが、実際三十二歳で独立して今の会社を始めている。


「桜梅桃李」という中国の古い言葉がある。

ある賢人はこの言葉を用いて、桜は桜、梅は梅のように自分の個性を大事にした生き方を説いていらっしゃる。

コツコツとものづくりを続けることが私の個性だ。目の前の仕事にいつも一生懸命向き合ってきた結果、ここまで来ることができた。


酒屋の丁稚奉公から始まり、工事現場での土木作業、自動車整備、中東への長期出張など、私が歩んできた道は決して平坦ではなく、真っすぐの一本道でもなかった。

それでもデコボコの曲がりくねった道を通ってきたからこそ見えた景色があり、得たものがある。

多くの人に支えられながらものづくりに打ち込んできた人生を、もう一度振り返ってみようと思う。

第一章

機械と向き合う人生の始まり

戦争の記憶

私は、一九四二（昭和十七）年八月二七日、山梨県北巨摩郡字駒城村柳澤（現在の北杜市武川町柳澤）で三男として生まれた。

私の上には二人の兄と節子と保美子という二人の姉がいた。しかし長男の忠は十四歳の時盲腸で亡くなり、次男の勇は一歳で亡くなったので、私が事実上の長男になった。その後私の下には和彦という弟も生まれ、その下には瑞穂という妹がいる。弟は二〇一一（平成二十三）年八月二十日に六十二歳で亡くなった。

長男の忠が亡くなったのは、私が生まれる一カ月前の一九四二（昭和十七）年七月だった。私を忠の生まれ変わりだと言って、母は大切に育ててくれた。

当時家の前に池を作っていて、忠もその手伝いをしていた。忠は何度もお腹が痛いと言ったが、父は仮病だろうと取り合わなかったらしい。

その後盲腸が急激に悪化し地元の病院ではもうどうすることもできず、甲府まで荷車で運んだそうだ。そしてしばらく入院して治療を受けたが、体内に炎症が広がり手遅れだったと、中学生の頃母から聞いた。

幼い子を亡くす。それも一人だけではなく二人まで亡くすとは、父と母にとってどんなに辛いことだったか、人の親となった今ならよくわかる。


父は山梨の生まれだが、長野に住んでいた時期があった。だから私より上の兄や姉達は、長野で生まれている。

母と結婚する前の父は山梨にいた。嫁さんを探すために長野に行こうと父を誘ったのが、五郎さんだ。五郎さんは馬車で荷物を運ぶ仕事をしていた。五郎さんは、何かと父を助けてくれて、二人は親分子分のような関係だったという。

父と母は長野県の茅野で見合いをして結婚した。仲人は五郎さんだ。結婚後父は下諏訪で銭湯を始めることになった。

その後駒城郵便局局長の仕事をしていた、父の親友が重病だという知らせが届いた。駒城郵便局は今も残っている有名な郵便局で、私達が住んでいた山梨県の北杜市にある。当時その地域には駒城郵便局しかなかった。彼は亡くなる少し前に駒城郵便局のあとを頼むと父に言ったそうだ。そこで父は銭湯を引き払い、山梨に戻り、駒城郵便局の仕事をすることになった。

当時は真珠湾攻撃で太平洋戦争が始まって間もない頃だ。日本は戦争一色で、万歳！万歳！の声に見送られて、成人男性が次々と戦地に送られていた時代だった。

本来なら私の父の元にも召集令状が届いていたのだろうが、郵便は重要な国家事業という理由から、父は出征せずに終戦を迎えた。親戚にも父親が戦死したという人が多い。父の妹の夫も戦死した。食べものも着るものもなく非常に貧しい生活だったが、両親が揃っていた私は恵まれていた方だと思う。私達が住んでいた地域には東京などから疎開してきた人も多かった。

戦況が悪化し、日本中が無差別に繰り返し空襲を受けた。しかし私達家族が住んでいたのは山梨県の山あいの村だったためか、爆撃機は襲来しなかった。それでも父は心配して竹藪の中に防空壕を作っていた。

あれは三歳頃だっただろうか。夏の夜、私は母に抱かれて庭に出ていた。するとと遠くの町が真っ赤に燃えているのが見えた。炎はとても大きく、夜空にまで届きそうな勢いだった。母も隣にいた父もただ黙って遠くの炎を見ていたのをうっすらと覚えている。

それが太平洋戦争末期一九四五（昭和二十）年七月の甲府空襲だった。市街地が見渡す限り焼け野原となり、多数の死者が出た大きな空襲だった。


戦争についてはもう一つ、今も忘れられない思い出がある。

小学校三年生の時、原爆の記録映画を観る機会があった。崩れ落ちた屋根の下から這い出して来る全身が火傷でただれた人間、遺体が転がる道路を逃げ惑う自分と同年代の少年達。これがほんの数年前に日本で起きたことなのかと、深いショックを受けた。

アメリカは何と残酷な兵器を使ったのだろう。

戦争とはこんなに惨いものなのか。

子供ながらに大きな衝撃を受けて、私はしばらく椅子から立ち上がることができないほどだった。そしてこの時感じた思いは長い間消えることがなかった。

中学になると英語の授業が始まる。

最初はA、B、Cのアルファベット。次はお決まりのThis is a pen.

戦争が終わってこれからは英語が必要な時代になるのだと頭ではわかっていた。同級生達は熱心に勉強していたし、私も覚えようと努力した。しかしなぜか頭に入ってこないのだ。あのひどいことをした国の言葉だと思うと、本能的に受け入れられなかったのかもしれない。

それから英語の時間は、サボりだ。午前中が英語の日はわざと遅刻し、午後に英語の授業があれば教室を抜け出し、家に帰ってしまった日もある。敗戦の持つ意味や日米間の力関係などまだ理解できる年齢ではなかったが、あれは私なりの無意識の抵抗だったのだと今ならわかる。

車との出会い

「子供の頃、何が好きでしたか」と聞かれると、私は「車です」と即答する。テレビもオモチャも何もない時代だったが、車が走っているのを見るだけで楽しくて心が躍ったものだ。

私が子供の頃走っていたのは、ガソリンで動く車ではなく木炭車だった。戦時中、資源のない日本ではガソリンや軽油が不足していたため、木炭車が広く使われていた。戦争が終わっても、私が住んでいた村ではまだ木炭車が走るのをよく見かけたものだった。

初めて木炭車を見た時のことは、今もよく覚えている。

野本商店の前のデコボコの県道に木炭車が止まっていた。野本商店は、五郎さんの弟が経営している村で唯一の店で、食品や酒から雑貨まで何でもそろっていた。

木炭車は、木を燃やしたエネルギーで走る。だからエネルギーが切れると途中で止まってしまう。私が見ていたその日も、運転手の助手が降りてきて、車体の後ろにある釜に木を入れて火を起こしていた。すると、車はまた動き出し黒煙を出し走り去って行った。

木炭車

当時の私は車の詳しい仕組みは知らなかった。しかし、車とはなんとすごいんだろう。人の操作で自由自在にどこへでも行ける。いつか自分も運転席に座って車を動かしてみたい。私は車に夢中で、いくら見ていても飽きることはなかった。

走っている姿をただ見ているだ

けではおさまらず、自分でも車を作ってみた。材料は拾い集めてきた木の切れ端だ。小さなおもちゃの車を自分で作り田んぼのあぜ道で走らせて遊んでいると、時間が経つのを忘れてしまうほど楽しかった。

また身近な材料を使って何かを作ることも好きだった。小学生の時に作ったのが、小さな水力発電機だ。家にあった一メートルくらいの糸巻取り器のまわりに空き缶を取り付け、池の水が上から落ちてくる場所に設置した。すると水の力で水車のようにクルクル回る。そこに自転車の小さな発電機をつけて、缶に水が入って糸巻取り器が回ると、豆電球がつく仕組みだ。家庭訪問にきた担任の中山先生がこの小さな発電機を見て、非常に驚いていたのを覚えている。中山先生とは、大人になってからも手紙のやり取りが続いた。

戦後父は郵便局を辞め、農業と山仕事をするようになっていた。私は小学生の頃から手伝いをさせられた。

しかし家の手伝いをしていたのは私だけではない。当時は小学生でも農業の手伝いをするのはごく普通のことだった。だから学校に農休みという休みがあった。田植えや稲刈りの時期には、休校になる仕組みだ。その間は子供も農作業の手伝いをしなければならない。

その頃住んでいた家は、玄関を入ると大きな土間があり右側には牛小屋があった。牛に餌をやり世話をするのも、小学校の頃から私の仕事だった。

当時は牛とか馬に鍬を引かせて、農地を耕した。馬や牛は労働力として貴重な存在だった。出来なかったところは人の力で耕した。

春になると水田に水を入れて平らにならし、細い縄を張る。そして十人位並んで田植えをした。当時は「結《ゆい》」という制度があり、人手が足りない時はみんなで助け合って作業を進めた。

水田の中に雑草が生えると、稲の成長に悪影響が出てしまう。今は除草剤や草取り機を使うのだろうが、当時は草を見つけると四つん這いになり手で草を取り除いたものだ。

またその頃、開拓団が山の木を切り倒して土地を耕し農地を広げていた。馬や牛で農地を耕していた私達とは違い、開拓団は大型のトラクターを使っていた。父はトラクターの運転手に頼んで、私をトラクターの脇に乗せてくれた。

丁稚奉公と工事現場

中学を卒業したら横浜の酒屋で働けと父に言われたのは、中学三年の春だった。父は、厳しい人だった。そして気が短く、すぐにげんこつが飛んできた。だから家の中で父の決定は絶対だった。なぜ横浜の酒屋なのかと尋ねることも許されず、十五歳の私は横浜に向かった。

当時高校に進学する子供は、非常に少なかった。私は地元で働きたいと思って働き先を探したが見つからず、酒屋に丁稚奉公に行くことになった。

丁稚奉公とは、住み込みで雑用や下働きなどをする制度だ。酒屋には二十四歳ぐらいの先輩もいた。午前中は自転車で山の上の家の方まで注文取りにまわり、午後は注文の品物を自転車の前と後ろのかごにいっぱい入れて配達し、帰ると夜遅くまで店番をした。

しかし私は酒屋の仕事には興味を持てなかった。自分には向いていないなと思い、三ヵ月程で辞めてしまった。店を辞めることになったと伝えると、よく配達に行っていたお客さんの中には、あなたには他の仕事の方が向いていると思うと言ってくれる人もいた。

山梨の実家に戻った私に、今度は「工事現場に行け」と父は言った。砂防ダムの工事現場での仕事だった。当時は土砂崩れを防ぐための砂防ダムがあちこちに作られており、働き手が不足していたからだ。

つるはしとスコップで地面を削り、縄や竹などを編んで作ったモッコという運搬道具に土砂や石材を入れ、天秤棒をさしいれてその前方と後方を二人で担いで運んだ。シャベルで地面を掘りならす。最初に現場に行った日から、上の人の指示を守って一生懸命働いた。

しかしどれも初めてやる作業ばかりだ。くたくたになりよろけるようにして家に帰ったものの、体中が痛くなり、翌朝は起き上がることもできなかった。それでも二日目から休むわけにはいかず、何が何でも行きなさいと母に起こされ、同僚に支えられながらなんとか現場に向かった。

しばらくすると現場で物を運ぶオート三輪車の助手にしてもらうことができた。当時小さな巨人と呼ばれている人物がいた。小柄な体格なのに、人並み外れた力と知恵があった正和さんだ。みんなが苦労する重い土砂が入ったモッコも軽々と持ち上げてしまう。仲間うちでも注目されていた正和さんは、後に私の姉と見合いをして結婚した。そして正和さんと私は一生の付き合いになるのだが、そのことはまだ知る由もなかった。

毎日現場に通ううちに、仕事にも次第に慣れてきた。休憩時間に話をする余裕も生まれ、知り合いも増えていった。

現場には私と同年代の作業員はいなかった。父親と同じくらいか少し若いくらいの人が多かった。

みんな長年農作業や山仕事、土木作業などをしているためだろうか、がっちりとした体格で重い石材も難なく持ち上げる。私が物を運ぶのに苦労していた時は、さりげなく助けてくれたこともある。年が離れた私のことをよくかわいがってくれた。

秋の始まりのよく晴れた日だった。五人でオート三輪車の荷台に乗り現場に向かっていたが、こんなに天気がいいのだから今日は仕事を休んで山に登ろうという話になった。その中には将来義兄になる小さな巨人正和さんもいた。

監督に許可をもらって、私達は弁当一つで鳳凰三山に向かった。

鳳凰三山は、南アルプス北東部にある地蔵ヶ岳、観音ヶ岳、薬師ヶ岳の三つの山の総称だ。どの山も標高三千メートル近い。

オート三輪車から途中でおりて、険しい登り坂を進んだ。登山道は整備されておらず、まさに道なき道だった。

しかし私は登っているうちに、頭が痛くなってきた。めまいもする。標高が高い所では酸素の濃度が薄くなるために起きる高山病だった。

これ以上はもう登れないと思ったので下山するとみんなに伝えた。それでも何としても頂上を目指そうと、私の体を後ろから支え前から引っ張ってくれた。また持ってきた弁当を食べると気分がよくなったので、みんなと一緒に頂上まで辿り着くことができた。

山頂から見た景色は花崗岩のそびえ立つオベリスクや山並みに続く緑のハイマツが本当に素晴らしかった。ちょうどお昼だったので、みんなは弁当を広げた。途中で食べてしまった私にも少しずつ分けてくれたのを覚えている。

私達が登った山は、本来なら登山用の装備をして一泊二日で行くコースだったらしい。下山して家に帰ったのは夜の八時頃で、あたりは真っ暗だった。

家の前では母がおろおろして、私の帰りをまだかまだかと待っていた。なんて無茶なことをしたんだと叱られたが、あの登山は今も忘れられない思い出だ。

そんなある日、仕事から帰って庭を見ていると、父に後ろから声をかけられた。父はいつまでも今の仕事でいいと思うなとひと言言った。

これで満足してはいけないということなんだろうと私は思った。

製紙工場

親戚から紹介されてパルプを作っている日本製紙山梨工場へ入社することになったのは、それからまもなくだった。

パルプとは、紙をつくる過程でその元となる繊維のことだ。私が勤めた工場では、当時山梨で多く採れた松の木から繊維を取り出す作業を行っていた。仕事は二交代制で、私はまだ十六歳だったが夜勤もあった。

松の木をすりつぶしてパルプを作るために、まず機械の中に松の木を入れて回転させながら皮をむく。松の幹には節があるが、この節はヤニを含んでいるのでパルプ製造の過程に入る前に取り除かなければならない。

その日も夜勤だった私は松の木の節取りをドリルが付いたボールバンで行っていた。暑い夏の日だった。私は滴り落ちてくる汗を首にかけた手ぬぐいで拭きながら作業を続けていた。

すると手ぬぐいの端が、ドリルの刃に巻き込まれてしまったのだ。首が絞められていく。もうだめだと思った瞬間、手ぬぐいが切れ、私は後ろに倒れ頭を強く打ちしばらく意識を失った。

もしあのままだったら、私は命を落としていたに違いない。首のまわりには手ぬぐいで強く締められた時の擦り傷ができていて血がにじんでいた。頭にはたんこぶができていた。どれだけ強い力がかかったかと思うと恐ろしくなった。ドリルは手ぬぐいを巻き付けたまま、回り続けていた。

ある時松の木の皮をむく大きな機械が突然止まってしまったこともある。機械が動かなければ、生産が遅れる。修理担当者に連絡をしたものの、修理には時間がかかると言う。

同僚も上司も、機械を取り囲んでどうしようどうしようと言っているだけで、誰も手を出そうとしない。そこでじゃあ俺が見てみますと、自ら修理を申し出た。毎日動かしている機械だし、何かできそうな気がしたのだ。

しかし私は感電してしまった。機械が止まっても電源は切っていなかったので、全身に高圧電流が流れ一時意識が遠のいた。その後全身が熱くなって震えた。しばらくして意識が戻り幸い大事には至らなかった。

この頃を思い出すと冷や汗がでるような出来事がいくつもある。それでも無我夢中で働く毎日だった。

台風襲来

日本製紙山梨工場で働き始めた翌年、大きな台風が来た。一九五九（昭和三十四）年八月、駿河湾から上陸し猛烈な暴風雨で山梨県に絶大な被害を残した台風七号だ。

前日から風雨がだんだん強くなっていたその日の朝、同僚が私の家に迎えに来て、今日は台風で会社は休みになるだろうから、大武川の水が多くなっている様子を見に行こうと言った。日本製紙山梨工場の近くにも川は流れているが、大武川はその上流になる。

時折歩くのも困難な強い風が吹き、雨もますます激しくなり、体に叩きつけるように降り続けた。

工場の近くには、釜無川の支流となる大武川にかかる駒城橋があった。その橋の様子を見に行った。川辺に着くと、茶色く濁った水がゴオゴオと橋の上を超えて流れていた。私達が見ているほんの数分の間にもどんどん水かさが増し、橋が流されるのも時間の問題だと思った。近くの民家数軒に水が流れ込んでいたが、その場にいた数名の人はどうすることもできないようだった。

もうすぐ氾濫する。大変だと思ったが、消防団もいなかった。とにかく危険をみんなに知らせようと思った。

近くの野本商店の前に火の見やぐらがあることを知っていたので、その場所に向かった。火の見やぐらには、周囲に危険を知らせるための鐘がついている。あの鐘を叩けば、みんな急いで避難しようと思うに違いない。

私は傘を捨て強風で揺れる火の見やぐらに登り、必死で鐘を鳴らした。柱につかまりながら鳴らしたが、強い風で振り落とされそうだった。雨はますます強くなり、大粒の雨の感触は、小石をぶつけられているようだった。

それでも何とか鐘を鳴らし続けたが、同僚がもう逃げようと叫ぶ声で後ろを振り返ると、なんと土石流が迫ってきていた。土石流は大雨の影響で山や川底の石などが大量に谷間や河川に流れ込み、土砂や岩石がどろどろの状態で流れ落ちる現象だ。山津波とも呼ばれ、地域の人達は昔から恐れていた。一旦土石流が発生すると、数十トンもあるような巨大な岩石が流れてくることもあり、非常に大きな被害になる。その時も根っこごと引き抜かれた大きな木や家の屋根、家財道具などいろんなものが真っ黒な土に押し流されてきた。

急いで火の見やぐらを駆け下り、水だ逃げろと叫びながら我が家に向かって走った。家に着くと、すぐに弟と妹と牛一頭を連れて、前の山に逃げた。田んぼの細いあぜ道は、各家からぞろぞろと逃げてきた人でいっぱいだった。

山の高い木に牛をつなぎ家の方見ると、父と母がまだ家にいたので、すぐに駆け戻り逃げるように言った。母は、米を持っていかなくてはと米びつから袋に米を詰め替えているが、恐怖で手が震え米粒がぼろぼろこぼれてしまう。もういいから逃げようと、私は母の手を引っ張って家の外へ連れ出した。

しかし父はここまでは水が来ないから大丈夫だ、残って家を守ると言って動こうとしない。何度言っても逃げようとしないので、父を残し、弟と妹と山の牛を連れて高台に避難した。

高台の近くの集落には、母の知り合いの家があり、私達はしばらくそこに身を寄せた。同じように避難してきた家族が他にもたくさんいた。その家ではいろりで体を温めさせてもらい、お茶もいれてもらった。

まもなく台風は去り、青空が見えてきた。南アルプスの山々は所々山が崩れ、まるで雪が降ったように白くはげていた。もう大丈夫だろうと家に帰ると、建物は無事で父が迎えてくれた。家族全員無事だったことを喜びあった。

停電も数日続いた。道は石と土砂で寸断され、橋は全て流されて一週間後に河原となった道を作りながら自衛隊が到着するまで、集落は陸の孤島になった。

しかし本当に被害の大きさがわかったのは、それからしばらく経ってからだった。大きな石があちこちに転がっていて、人家があった所に川ができていていた。大きな石の河原となった。行方不明になった身内を下流の富士川まで探しに行った人もいた。集落ごと消えてしまった地域も多く、本当に悲惨な状況だった。

私が働いていた日本製紙山梨工場も浸水し、機械の一部が砂で埋まっていた。

私は同僚達からの話で、山梨工場が日本製紙赤羽工場へ移転することを知った。山梨工場で使っていた機械を東京の赤羽本社工場へ移動することが決まり、赤羽本社工場から機械課課長を始め数十人の技術者が来て、機械の取り外しや運搬を山梨工場の社員とともに行った。そして希望者は機械と一緒に東京に行って赤羽工場で働くことになった。

東京に出発する日がやってきた。荷物は布団袋と行李一つを後から送ることになった。バス停まで、家族や親戚が見送りに来てくれた。

中央線の日野春駅から汽車に乗り、赤羽の本社工場に着いた。寮がまだできていなかったので、赤羽工場近くの高砂旅館から工場に通った。

東京で機械と向き合う私の人生は、こうして始まった。

コラム　柳澤の歴史

元禄時代に大老として幕政を主導した柳沢吉保。私が生まれ育った柳澤地区は、その柳沢吉保の先祖が本拠地とした場所だ。柳澤の地名の由来は、古い記録によれば、柳の大木があったからだという。

江戸時代の地誌『甲斐国志』には柳沢氏屋敷の存在について記されているが、大武川の度重なる水害によって地形が変わっていることもあり、正確な所在地はわかっていない。しかし柳澤の歴史を守ろうという有志達の調査と研究により、「柳澤氏発祥之地」の石碑が

南アルプス甲斐駒ケ岳
「柳澤氏発祥之地」石碑竣工
平成 22 年 11 月 2 日
提供：柳澤史跡保存会

二〇一〇（平成二十二）年に建てられた。

現在残っている柳澤氏の遺跡は、一四九六（明応五）年に建てられた六地蔵石幢だ。六面に地蔵尊像が配列されている石幢で、北杜市文化財にも指定されている。

柳澤寺、六地蔵石幢

町村合併

私が小学校を卒業するまでは、山梨県北巨摩郡字駒城村柳澤という地名だった。しかしその後町村合併により駒城村はなくなり、武川村と白州町の二つに分かれた。私は駒城小学校に通っていて本来なら駒城中学校に進学するはずだったが、町村合併で駒城中学校がなくなったため武川中学校に行くことになった。

町村合併の時は、駒城村が武川町と白州町のどちらにいくのか町中が大騒ぎになったが結局武川町の方に決まった。

第二章

台風七号の被害の為、東京へ

機械との出会い

一九五九（昭和三十四年）、私は日本製紙赤羽工場で働き始めた。工場に着いて、まず圧倒されたのはその広さだ。工場の中にはレールが敷かれていた。

工場の中には発電所まであった。紙を作る過程では大量の電力が必要になるため、石炭を使って工場内で発電をしていたからだ。また蒸気もたくさん使うので、工場内には蒸気管もはりめぐらされていた。とにかく何もかもスケールが大きい。

日本製紙本社工場で働き出してしばらくすると、人事部に行くように言われた。そして人事部では、工作部機械課勤務を命じるという辞令を渡され、機械課に行くように言われた。

機械課に行くと、山梨工場閉鎖の作業で指揮を取っていた課長がいた。

機械課には十名位の技術者がいて、紙を作る機械の整備をしていた。彼らは、私に様々な技術を教えてくれた。

工場には、紙を作るための機械がたくさんあった。ほとんどはメーカーから購入した機械だったが、簡単な機械は自前で作る場合もあり、金属加工の技術は欠かせないものだった。溶接や素材を削る旋盤などの技術を身に付けたのは、この赤羽工場時代だ。荒削りした部品の表面を滑らかに整える研磨機の使い方も覚えた。


ある日先輩が長さ一メートル以上もある金属の大きなアングルを持ってきて、両面を直角に削れと言う。こんな大きなアングル何に使うのだろうと思ったが、私は一生懸命手にマメを作って削った。先輩が時々やってきてまだ凹凸があるぞもっときれいにしろと言った。私は何度もやり直して、仕上げた。

しかし出来上がったアングルを置いてあるのに、誰も取りに来ない。何日経ってもほったらかしてある。後に私は気がついた。これは何かに使うためのアングルではなく、私がどこまでできるか試すためのテストだったのだ。

工場では一カ月に二回だけ、第一日曜日と第三日曜日に紙を作る機械が全部止まる日がある。二十四時間動き続けるため、一日間の間に整備をしなければならない。それが機械課の重要な役割だ。

故障や不具合を事前に防ぐために、機械設備は各部品の機能の点検整備、清掃、注油などを行う。工場内のすべて機械を丸一日の間に確認しなければならないので、徹夜で作業をすることも珍しくなかった。

油まみれになって機械と向き合う日々を過ごしながらあらためて感じたのは、機械の奥深さだった。たった一つの小さな部品にわずかな不具合があっても、機械は正常に動かなくなり故障に繋がってしまう。工場も稼働できなくなる。大きな機械を動かし工場での生産を支えている当時の機械課には、重要な役割と責任があった。

同時に機械は危険なもので一歩間違うと大事故につながることも知った。当時の工場には、仕事中の事故で指を失った人もいた。指が切断される事故や感電で作業員が亡くなる場面も目撃したことがある。

機械の仕事は大変でも楽しかったが、東京での慣れない生活では孤独を感じたことも多かった。ましてや中学を卒業してすぐ働いている自分にはいわゆる学がない。読み書き、そろばんの力が足りないことで悩んでいた。

姉に夜間高校を勧められたのは、ちょうどその頃だった。姉も山梨の家を出て、東京で看護師の仕事をしていた。夜間なら働きながら勉強できるし、高校卒業の資格も取れるからと姉は言った。手続き等も姉がしてくれた。

当時会社では夜間高校に行くことは禁止されていた。しかし会社には言わずに入学したのが王子北高等学校夜間部だ。しっかり勉強しようと決めて通い始めたが、やはり基礎ができていないためか、どうしても授業についていけなかった。結局半年ぐらいで退学してしまった。

高校の先生に辞めることを伝えると、あなたは王子北高等学校中退という学歴になりますよと言われた。勉強についていけない自分がこの時ほど情けなく感じたことはない。

日本製紙赤羽工場に勤務して二年が過ぎた。紙を作る機械のことは少しわかるようになった。知れば知るほど、機械は複雑である。やがて私は製紙に関わるものだけでなく他の機械にも触れてみたいと考えるようになった。

そこで移ったのが日立製作所の亀有工場だった。しかし朝八時から夜八時までと夜八時から朝八時までの二交代制の勤務で、非常にハードだったため、体を壊してしまった。

これではとても続かないと思い、担当課長に辞めたいと伝えたら、担当課長は日勤だけでも来てくれないかと言ったが、やはり辞めようと決めた。

次は車の整備をやろうと思い、毎日、新聞の求人欄を隅から隅まで見た。しかし求人広告に出ている会社や工場の給料は、一日あたり約三六〇円でもなかなか採用してくれるところはなかった。面接を受けても未経験の小僧なんか使わないよと言われ、肩を落として帰る日々だった。

しかしどうしても自動車の仕事が諦められず探し続けて見つけたのが、運送会社の整備部門だった。一日五〇〇円出すし住み込みでもいいよと言われたので、早速行くことになった。

自動車整備士を目指して

車の仕事ができるのだと思うとうれしくて、張り切って工場に向かった。しかし車が好きでも知識はまだ何もない。まず洗車の仕事からだ。この車のタイヤを外せと言われてもどうしたらいいか見当もつかず、また一から勉強だ。毎日先輩についてまわって、タイヤの外し方から本体を分解する方法、点検のポイント、パーツの洗浄のやり方などを教わった。

運送会社の整備部門だから、扱うのはトラックだ。トラックはエンジンをよく使うので、オーバーホールの間隔も短く整備の力が特に重要になる。遠くのお客さんのところまで荷物を届ける時は、途中でトラックに何かトラブルが起きても対応できるように整備の人間が一緒に乗って行く。私も気が付くと今日は箱根の先まで行くから車に乗ってくれと声をかけられる日が増えてきた。

自動車整備の仕事をやるならきちんと資格を取った方がいいと先輩に勧められたのも、ちょうどその頃だった。

自動車整備の基本は、今も昔も三級自動車整備士だ。三級自動車整備士の資格を取るとオイル交換やタイヤ交換など基本的な業務を行うことができるようになる。自動車関係の専門学校を出ていれば卒業時に三級の資格が取得できる。しかし私は中学しか出ていないので、三級からのスタートだった。

働きながら半年間夜間講習を受けた。講習を受けて単位を取り学校内の試験に合格すると、国家試験の受験資格を得ることができる。

こうしてまず三級自動車シャシ整備士の資格を取った。シャシとはエンジンとボディを除いた部分のことで、これでシャシ部分の整備ができるようになる。そして次の半年では三級自動車ガソリン・エンジン整備士の講習を受け、ガソリン自動車の基本的な整備、点検やタイヤ・オイル交換などが行えるようになった。

初めての国家資格だ。自分の力を社会が認めてくれたような気がして感慨深く、一層自信がわいてきた。そして一年程度でエンジンオーバーホールを任せてもらえるようになった。

トラックに慣れてくると、次はもっと大きな車の整備に関わりたいと思うようになってきた。一九六〇年代の日本は戦後の高度成長期で、建設ラッシュ。建築工事の現場で使われている建機に興味が出てきた。そこで移ったのがブルドーザーやクレーンなど建設機械の整備工場がある川崎重機という会社だった。

そして同時に考え始めたのが二級自動車整備士の資格取得だった。二級自動車整備の試験を受けるためには、三級自動車シャシ整備士と三級自動車エンジン整備士の国家試験に合格してから、二年間の実務経験が必要である。そしてそれからまた半年間の夜間講習を受ける。そこで単位を取り、学校内の試験場で行われる国家試験に合格すれば、二級整備士として認められる。

二級自動車整備士になると、自動車整備工場の開業が法律的に認められる。独立して自分の工場を持つ。自分の会社を始める。そんなことは二十一歳の私には夢のような話だったが、いつかきっと実現してみたいと考えていた。

その後会社から大型クレーン運転免許資格試験を受けるように勧められ、七日間の講習を受け国家試験に臨み、合格した。

初めての恋

初めて恋をしたのは、ちょうどこの頃だった。先輩にこの子と付き合ってみればと勧められて始まった交際だったが、私は真剣だった。

仕事が休みの日には、二人で新宿や池袋の街に出かけた。デートといっても手をつないで歩くくらいだったが、私は彼女と結婚したいと考えていた。

山梨の実家にも一緒に行った。東京を出発する前に彼女の家に電話をして彼女のお父さんとも話をした。お父さんはよろしくお願いしますと言ってくれた。親も公認なんだと思うとうれしかった。

実家に泊って家族にも彼女を紹介した。母が心配したのか、私達と弟三人分の布団を並べて敷いたのを覚えている。

翌日は一緒に山に登り、精進ヶ滝にも連れて行った。この日も、母が弟を私たちのお目付役に付け、三人で出掛けた。精進ヶ滝は深い森の中にある東日本最大級の滝だ。私が生まれ育った山梨の大自然を彼女も楽しんでいるようで、連れてきてよかったと思った。

その後彼女とは結婚の約束をした。二人で暮らす日を私はとても楽しみにしていた。

しかしある日、話があるからと彼女に呼び出された。

そして突然別れを告げられた。私は驚いて理由を尋ねた。

あなたは消極的だから私とは合わないと彼女は言う。

私は納得できなかったが、彼女の気持ちが決まっているのならもうどうしようもない。

しばらくはなかなかショックから立ち直れなかった。一緒になろうと誓ったのにと、彼女を恨んだ日もある。しかし段々と気持ちを切り替えていった。

これまで以上に仕事に打ち込んで、見返してやろう。

自分に力をつけて、もう二度と消極的などと言われない男になろう。

それからは、ますます真っ黒になって働いた。そんな様子を見ていた上司が、私に大きなチャンスをくれることになる。

失恋が自分を大きく成長させるバネになったのだ。

川崎重機では様々な建設機械の整備を経験したが、特に印象深かったのがメンクと呼ばれていた建機だ。

ある日出張から帰ると、これまで見たことがない大きな建機が届いていた。建機というより、まるで戦車だ。ドイツのメンク社と日本車両が技術提携して開発した一号機だった。

初めての建機だから、誰も動かし方がわからない。操作マニュアルのようなものもない。トレーラーに積んだまま置いてあって、みんなただながめているだけだ。鈴木君なら動かせるんじゃないかと工場長から指示された。運転しておろすように私は言われた。

色々なブルドーザーやクレーンなどを動かし、整備してきた。しかし全く初めての建機だ。外観もごつくて、何とも言えない威圧感がある。私は緊張感半分、これを動かしてみたいという好奇心半分でチャレンジしてみることにした。

上司からキーを渡され運転席に座って、全てのレバーがニュートラルであることを確認しキーを挿入し回すと、エンジンがかかった。ここまでは普通の重機と同じだ。

次に運転席の周りをゆっくり観察してみた。様々なレバーがあったので、こっちのレバーを押すとこっちの方向に動くんだなと一つずつ確認して、メンクの動きを理解した。次はバゲット本体を上に上げ少しずつ前進させてみよう。徐々に少しずつ進めよう。

なんとか無事にメンクをトレーラーから下ろし終わった。全員が拍手喝采で讃えてくれたのは気恥ずかしかったが、日本にはまだ数台しかなかったメンクを動かすという東京で初めての経験ができて忘れられない一日となった。

サウジアラビアへ

メンクを動かしてから数カ月経った頃、工場長に呼び出された。

「鈴木君、サウジアラビアに行かないか？」

サウジアラビアとは、あの中東のサウジアラビアだろうか。どういうことだろう。驚いている私に、工場長は事情を詳しく説明してくれた。取引会社の千代田化工建設が、サウジアラビアの石油精製プラント建設に参加している。そこで使用している建設機械の整備やメンテナンスができる人材を、川崎重機から出してほ

川崎重機の時に作った野球チーム

しいと要請があったそうだ。

石油精製プラント建設なら、発電機をはじめ確かにたくさんの重機を使うだろう。その分整備も重要になる。非常に重要なプロジェクトだが鈴木君なら安心して出せる、どうだ、行ってみないかと工場長は言った。この時は一年間という話だったが、行ってから伸びることになった。工場長は、助手を一人選んで連れて行っていいと言うので、私は弟と一緒に行くことにした。弟は未成年だったが、川崎重機で働いていて私が機械の整備を教えていたからだ。

私は頭の中に世界地図を広げ、サウジアラビアはあの辺かなあと考えてみた。しかし海外旅行も海外出張も現在のように一般的ではなかった時代だ。私は海外どころか飛行機に乗ったこともなかった。

それでも私に迷いはなかった。

「わかりました。サウジアラビアに行きます」

中東行きの決意は固まった。

私は故郷の山梨に帰り、家族や近所の人達に事情を話し、別れを告げた。

当時のサウジアラビアには油田はあっても、原油を精製する石油精製プラントはなかった。そのため油田からくみ上げた原油を他の国に運んで精製していた。

しかしこれからは国内で精製できるようにしようという国家プロジェクトが始まった。一九五五年に正式にサウジアラビアと外交関係が樹立した日本は、アメリカの会社からの依頼でこのプロジェクトに協力することになった。石油精製プラント建設現場でも完成したプラント自体でも非常に多くの機械が使われる。

その機械のメンテナンスが私達の仕事だった。

ちょうどこの頃私は、工場で働く人達を集めてキャンプファイヤーを企画していた。サウジアラビアへの出発の日が近づいていたので、キャンプファイヤーは実質私の送別会になった。自分の送別会を自分で開くことになってしまったのだが、取引先の人達も料理と酒を持って集まり、盛大な壮行会になった。

キャンプファイヤーで歌ったのは、その名も「修理屋さんの歌」。当時流行っていた「山男の歌」の替え歌で、作詞は私だ。しおりに印刷してみんなに配ったが、整備に関わる者なら誰もが共感する歌詞が大変好評だった。

四番の「修理やさんの心いきはよぉ　工場できたえて　出張で学べよ」は、まさにこの時の私だった。工場で鍛えた腕を、海外出張でもっと伸ばすのだ。そして日本の修理屋さんの力をサウジアラビアで見せてやる。

火を囲んで仲間達と歌っているうちに、サウジアラビアでの仕事が楽しみになってきた。

修理屋さんの歌

一　娘さん　よく聞けよ
修理屋さんにゃ　惚れるなよ
油でふかれりゃよ　真っ黒けだよ

二　娘さん　よく聞けよ
修理屋さんの　好物はよ
車のたよりとよ　エンジンの音だよ

三　修理屋さん　よく聞けよ
娘さんにゃ　惚れるなよ
娘心はよ　出張のパンクよ

四　修理屋さんの　心意気はよ
工場で　鍛えてよ
出張で　学べよ

五　春夏秋冬　油のツナギよ
車のあこがれによ
親しき　友だよ

六　社長さん　よく聞けよ
修理屋さんの　心意気はよ
スパナに　モンキー
クレーンに　メンクよ

沈まぬ夕陽に向かって

一九六六（昭和四十一）年九月四日、サウジアラビアへの出発の日が来た。出発は羽田空港からだ。今は留学や海外駐在は当たり前だが、当時は非常に珍しいことだった。家族や親戚が揃って空港に見送りにきてくれた。みんな無言で、特別な言葉は何もなかった。しかし口に出さなくても母が心配していることは、顔を見ればよくわかった。私に直接は何も言わなかった父だが、近所の人に自慢していたと後になって聞いた。父に初めて一人前の男として認められたのはこの時だったのかもしれない。

乗り込んだのは、国際線を運航するようになったばかりのボーイング七二七だ。サウジアラビアへの直行便はまだなかったので、香港、バンコクなどを経由しての旅だった。

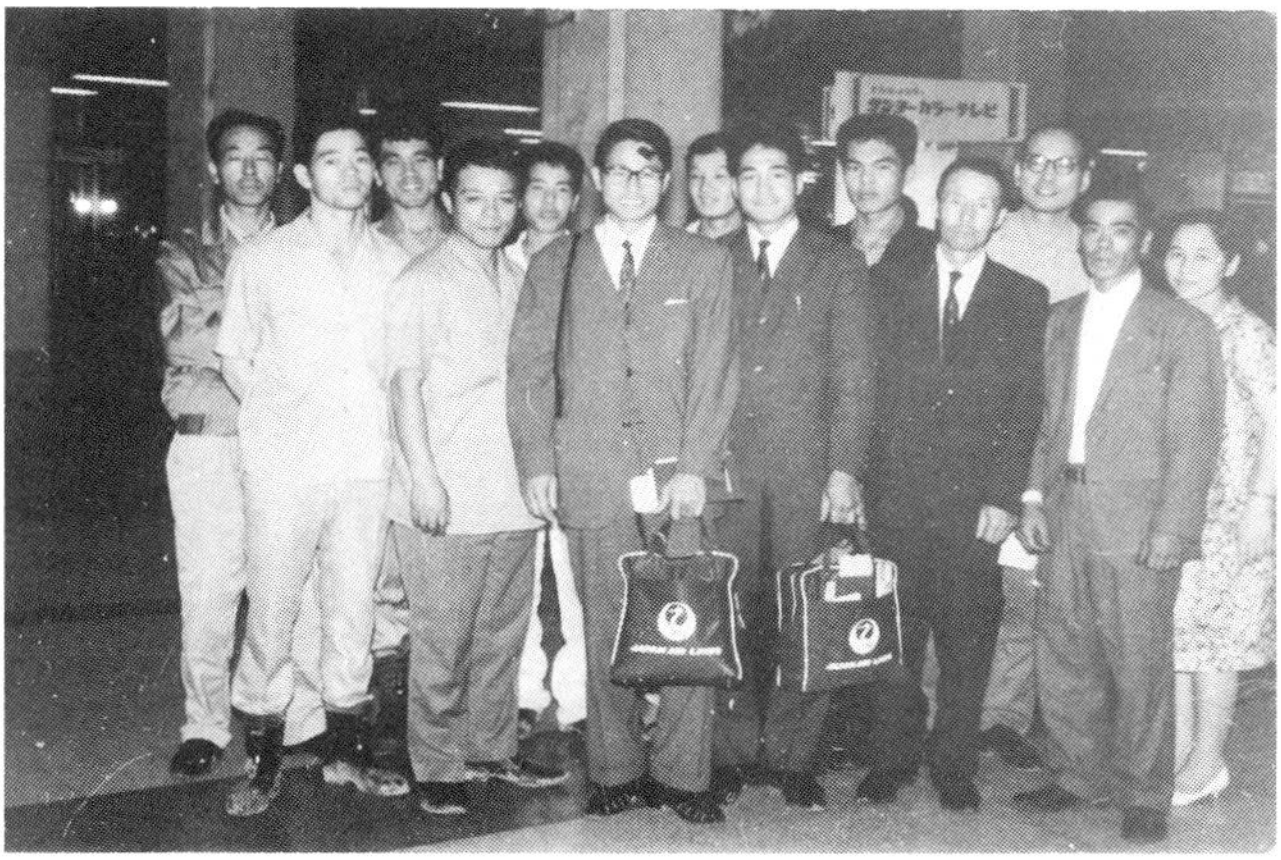

羽田空港へ見送りに来た家族や親戚と

初めての飛行機だから、雲の上を飛ぶのも初めての経験だ。長時間のフライトでも私は窓の外を見ているだけで飽きることも疲れることもなかった。

それに西へ向かう飛行機は日没の時刻に逆らって進むため、沈まない夕陽をずっと見ることができる。いつまでも暮れない空は非常に不思議な感覚で、自分が向かっている場所はこれまで経験がない全く新しい世界なんだという思いが強くなった。

この時思い出したのが、恩師の「先駆者たれ」という言葉だ。時代や周囲に先駆けて新しい挑戦をする。他の人に先

立って物事を実行する。そんな生き方が大切だと恩師は教えてくれた。

今中東に向かう自分は、先駆者なのだ。そんな思いで、沈まない夕陽を見つめていた。

カラチに到着して飛行機を降りた。カラチはアラビア海に面したパキスタン最大の都市だ。治安が悪く危険なのでサウジアラビア行きの飛行機を待つ三日間はホテルから出ないように言われた。

ホテルに缶詰めになって時間をもてあまし窓から外をながめていると、庭の掃除や木の手入れをしている従業員がいた。掘りが深く褐色の肌の現地の男性だったが、靴は履かず裸足で作業している。カラチは非常に暑い都市だから、地面も焼け付くように熱くなっているはずだ。それなのに火傷しないんだろうかと不思議に思ってよく見ると、彼の足の裏がまるで木の皮のように厚くなっていることに気がついた。私達日本人の足とは全く違う。裸足でいても厚い底の靴を履いているようなものだ。

生まれた国や生活環境、習慣などで人間の体は変わっていくのだとわかり、目的地に着く前から早くも世界の広さを知った思いだった。

到着

三日後、予定通りカラチからリヤドに向かった。リヤドはサウジアラビアの首都で、内陸部の砂漠地帯にある。リヤドに着いて驚いたのは、短時間屋外に出ただけで頬がヒリヒリとすることだった。その時の気温は四十五℃を超えていた。そこまで高温だと、暑さより痛みを感じるのだとわかった。そのうえカラカラに乾燥して湿気がないため、汗は出ない。

この気候の中で一年働くのか。大変な仕事を選んでしまったものだと思ったが、もう後戻りをするわけにはいかない。

リヤドで給油して最終目的地のジェッダに向かった。ジェッダは、首都リヤドに次ぐ紅海に面した大都市だ。

ここで私達は入国審査を受けなければならない。初めての海外、初めての入国審査、しかも中東だ。ここまで来て入国できなかったらどうしようと少し不安になった。隣を見ると弟も心配そうな顔をしている。

そんな私達の様子を見て、日本から一緒に来た千代田化工建設の社員が入国審査書類を指さしながら笑顔で、ここに仏教と書いておけば問題ないから大丈夫だと言う。

サウジアラビアの入国審査の書類には、信仰している宗教を記入する欄がある。国民全員がイスラム教を信仰し、イスラム教の厳しい戒律を守りながら暮らしている国だからこそ、入国する外国人の宗教についても重視しているのだろう。

私と弟は言われた通りに仏教と記入し提出し、入国審査の窓口に並んだ。

無事パスポートに入国スタンプを押され空港の外に出ると、私達を待っていたのは迎えのトラックだった。私達は荷物と一緒にトラックの荷台に乗り込んだ。トラックに揺られながら街を進むと、何とも言えない異様なにおいが鼻をつく。厳しい暑さはリヤドで既に体験していたし、ジェッダは港町なので内陸部のリヤドより気温がやや低いように感じた。しかしにおいは独特だった。食べ物のにおいでもなく、家畜のにおいでもない。ジェッダは年間を通してほとんど雨が降らない町だ。極端に乾燥した中で人間の生活のにおいが蓄積して凝縮されると、こんなにおいになるのだろうかと私は考えた。

現地スタッフとともに

トラックが向かった先はホテルだった。私達が生活する宿舎がまだ完成していないので、それまではホテルに泊まるように言われた。
そこで翌日から宿舎建設の仕事に参加した。プレハブの簡単な宿舎だったが、各部屋にエアコンが一台ずつついていた。これで暑さはしのげそうだ。

石油精製プラント建設現場に行くようになってからは、自動車、自転車、オートバイ、発電機、コンプレッサー、ミキサー車、ブルドーザー、クレーン、トレーラー、テレビ、船のエンジンなどありとあらゆる機械のメンテナンスや修理を行った。当時サウジアラビアで使用していた重機は、日本で使っていた物よりもエンジンの中が汚れることが多く、オーバーホールを頻繁にやる必要があった。

サウジアラビア

宿舎には大きな図書館があったので、私は毎日本を読んだ。テレビをつけてもサウジアラビアの番組はよくわからないし、本を読むほかなかったのだ。

一番読んだのは、ドイツの詩人ゲーテの日記だ。その中にあった「一番仲の良い友人を最悪の敵にするのには、お金を貸して毎日催促することだ」という一節が今も印象に残っている。つまり返すことを催促せず渡したつもりでなければ友人にはお金を貸すなということだ。

また日本から持参した思想書を手に取り、改めてその言葉に触れた。内容は難しいが何度も読んでいるとわかってくることもある。ページをめくるごとに気持ちが大きくなり、自分が抱えている悩みなど小さなものだと思えるようになった。

それから吉川英治の『宮本武蔵』、『太閤記』『織田信長』など歴史の本や江戸川乱歩の推理小説もよく読んだ。

弟の和彦はモリを作り、海岸の桟橋に出かけていた。大きなエイやモンゴウイカなどがふんわりと泳いでいくのをモリで取っていた。

夏の一番暑い時期は、朝は六時頃から仕事を始めて、午前十一時から午後三時まで昼休みになった。そして夜は午後八時頃まで働く。

気温が六十度位になった日もある。しかし湿度がないから汗はほとんど出ない。熱風が吹いてきて耳がピリピリと痛み頬が熱くなったので、どこかで火事が起きているんじゃないかと現場をひとまわりしてみたことがあった。すると原因は火事ではなく砂漠から吹いてくる熱風だった。逆に海の方から風が吹くと少し涼しくなる。

現地の作業員と

朝は朝焼けとともにオレンジ色の大きな太陽が昇り、夕方になると夕焼けとともに大きな太陽が沈んでいく。

ジェッダの雨季は十一月頃から始まって、雨や曇りの日が一カ月位続く。

砂漠に緑が増えるのも雨季で、草木が青々としサボテンから葉っぱが出てくる。この頃になると葉が落ちる日本とは反対だ。

「ミスタースズキ、すぐに海岸に来てくれ」と朝早く宿舎に連絡があったのは、サウジアラビアに着いてから数カ月経った頃のことだった。何だろうと思って急いで向かう、海にブルドーザーが半分沈んでいた。砂で海を埋めて道を作る作業をしていて海に入り込んでしまったらしい。やがて潮が満ちて、ブルドーザーは見えなくなった。私は潮が引いてからクレーンを使って海からブルドーザーを引き上げ整備して動くようにした。

ミキサー車のエンジンが故障した時は、全部分解することから始めた。バラバラにした部品を一つ一つ点検し、エンジンのオーバーホールを行い修理して、また元通り組み立てる。図面も何もない。頼りになるのは、自分の技術と経験だけだ。

現地の作業員達を指導するのも、私達の重要な仕事だった。私達が帰国した後は、彼ら達だけで整備やメンテナンスができなければならないからだ。

彼らは英語混じりのアラビア語。私達は日本語。それでも毎日一緒に仕事をしていると、言葉の問題は意外になんとかなるものだ。和製英語が多い日本の自動車用語も、彼らは理解しやすかったようだ。また何かトラブルが起きた時は通訳をしてもらった。

むしろ大変だったのは、国民性や価値観の違いだった。乗り越えられない壁を感じたことが幾度もあった。

早く覚えさせようと思って、きつく叱ってしまったこともある。するとなぜそんなに怒るんだと言い返してきて喧嘩になってしまうことも多かった。

そんなとき私は、仕事を早く覚えてほしいから怒るんだ。君達だって子供に何か教える時は怒る場合もあるだろう？　それと同じだと言った。

すると彼らは理解してくれて「オーケー、オーケー、じゃあもっと怒ってくれ、教えてくれ」と、その場はおさまった。

そんなことを繰り返すうちに、彼らは徐々に整備の仕事を覚えていった。同じ機械に一緒に向き合ううちに、私達の距離も自然に縮まっていったように思う。

アリーと工具箱

私が担当して指導した中の一人にアリーという現地作業員がいた。

整備のために必要な工具を私は一つの箱にまとめていたが、アリーはその工具箱を持つ係、かばん持ちならぬ、工具箱持ちだった。

どこかで動かなくなった車があると聞くと、「アリー行くぞ」と私は声をかける。すると、アリーは工具箱を持って私について一緒に現場へ向かう。そして私はその箱の中から必要な工具を出して修理をする。これがいつもの光景で、工具箱はアリーに預けてあった。

私が体調を崩し、十日程仕事を休んだことがあった。その間、私が持っている工具が必要で、上司が工具箱を探したが、どこにもない。工場の中も事務所もくまなく探したのに見つからない。どうしたんだろう、こんなに探しても見つからないのは盗まれてしまったんだろうかと上司が困っていたら、アリーが倉庫の奥の誰も知らないような場所から工具箱を大事そうに抱えて現れた。どういうことだと上司が聞くと、これはミスタースズキの大切な工具箱だから、ミスタースズキが出てきた時に困らないように私が保管していたんだとアリーは答えたそうだ。

アリーが私の工具箱を守ってくれたのか。話を聞いた時私はまだ休んでいたが、

大使館での食事

早く現場に戻って、アリーにもっといろんなことを教えたいと思った。

禁酒と右手

石油精製プラント建設の技術協力は、日本とサウジアラビアの友好関係にも重要な役割を担っていた。そのためジェッダにある日本大使館にも招待されたことがある。私や弟を含めて総勢約百名が大使を囲んで食事をした。

大使館での食事会のお礼として大使を現場に招待し、餅つきをしたこともある。現

餅つき

地スタッフは初めて見る餅つきに最初は驚いていたが、途中からは交替で杵を持ち、ペッタンペッタンとついた。出来上がった餅も「ミスタースズキ、これ美味しいです！」と大好評だった。

厳格なイスラム教の国であるサウジアラビアでは酒類を飲むことも売ることも禁止されていた。法律を破れば厳罰である。そのため日本のように「仕事が終わって一杯」というわけにはいかなかったが、現地の作業員達とは時々食事に行った。しかし現地の人は私達外国人が利用する店には入れない決まりだった。そこで現地の人達の食堂のようなところに一緒に行ったものだった。

店で食べたのは、決まって鶏の丸焼きだ。鶏を串にさして回転させながら焼いたもので、半分に切ってから食べる。イスラム教では豚肉が禁止されているので、肉といえば羊肉か鶏肉が多く、ラクダの肉が出たこともあった。

何よりも驚いたのは、店にいる全ての人が手づかみで食べていたことだ。しかも現地の人は右手でしか食べない。イスラム教では、左手は「不浄の手」とされているため、食事の時は右手だけを使う。テーブルには箸はもちろんナイフもフォークも何もない。焼かれた鶏だけドーンと置かれる。

「郷に行っては郷に従え」の気持ちで私も真似をしてみたが、これがなかなか難しい。それでも少しずつ慣れてくるとサウジアラビアの料理は手で食べる方が美味しいと感じるようになった。

砂漠で野球大会

ジェッダの街には、時折貨物船が着いた。石油プラント建設に使う資材を運ぶ

現地スタッフと

ためだ。長い航海の間、強い日差しを浴びながら様々な作業をしていたのだろう。船員達はみんな、サウジアラビアで働く私達と同じように真っ黒に日焼けしていた。

船員達の話は面白かった。台風で急遽コースが変更になったこと、病人がでたこと、機械が故障し船が止まってしまったこと。海の上での思わぬトラブルも、乗組員達で力を合わせ、乗り越えてきたのだろう。

「野球大会をしよう」と最初に言いだしたのは誰か覚えていない。出航までの数日間ジェッダで過ごす船員達と、プラント建設現場で働く私達で野球の試合をすることに

砂漠の探検

なった。
　当然野球場もグラウンドもないから、まず場所を探さなければならない。砂漠はどこまでも続いていたが、海岸沿いに野球ができそうな平坦な場所を見つけた。そこに白いラインを引き、ベースを置いて、試合会場を作った。
　船乗りチーム対プラント建設チームの野球大会、会場は砂漠。野球の経験はなくても、共同生活をしている者同士、どちらもチームワークは抜群だった。投げて、走って、打って、気持ちよく交流できた一日になった。

トラックとジープ何台かで、砂漠探検に出かけたこともある。車を自由自在に操り砂漠を走り回ったのは非常に楽しい体験だった。

しかし途中でタイヤが砂に埋もれて空回りし、発進できなくなってしまった。そこで車を降り、タイヤを埋めている砂を両手で掻き出した。そしてタイヤの空気を抜いて砂漠を脱出、なんとか宿舎まで帰ることができた。

イスラエルの侵攻

当時の中東情勢は、現在と比べると落ち着いていた。しかし命の危険を感じたことがなかったわけではない。

イスラエルがスエズ運河に侵攻したというニュースを聞いて、宿舎に衝撃が走った。私達は石油タンクのすぐ隣で寝泊まりして働いている。狙われたら大変なことになってしまう。

まず車のライトがイスラエル軍に見つからないようにしなければならない。私達は車のライトの上半分を黒いペンキで塗るように言われた。作業している間も、もし今銃弾が飛んで来たらという思いがよぎる。仲間達も同じことを考えていたようで、みんな口々に「ムシクワイス」と言いながらペンキを塗り続けた。これはアラビア語で、イスラエルはよくないという意味だ。

私達が働いている石油基地はサウジアラビアにとって重要拠点だった。そのため兵士が護衛してくれていた。

しかしよく見ると彼らが持っている銃は古く、錆びているのがわかった。撃っても本当に弾が出るんだろうかと思うような銃だ。

そのうえ着ているものもいわゆる軍服ではなかった。一枚の布でできたワンピースのような服で足元は草履だ。こんな服装で本当に戦えるんだろうかと思ったが、あれは国の正式な軍隊ではなかったのかもしれない。

その後なんとか情勢は落ち着き、幸い私達は被害を受けずに仕事を続けることができた。

手紙で深めた愛

日本とは大きく異なる文化を楽しみ、アリーをはじめ現地の作業員達ともよい関係が築け、私のサウジアラビア生活はとても充実していたと思う。それでも日本を遠く離れて長期間暮らしていれば、心身ともに辛い日も時折あった。

そんな私の支えとなったのが、後に妻となる一人の女性からの手紙だ。

きっかけは一枚の写真だった。今こんな場所で仕事をしているんだと、現地で撮った写真を同封して、東京の友人に手紙を出したことがある。私が出発する時羽田に見送りに来てくれた友人だ。その写真が偶然彼女の目に触れることになった。彼女は友人と同じ会社で秘書をしていたからだ。

この方はどなたですかと彼女に尋ねられて、後輩はサウジアラビアで石油精製プラント建設の仕事をしている人だよと私のことを話したと言う。すると彼女は、私のことをもっと知りたい、私に手紙を出したいと後輩に頼みこみ、私の連絡先

彼女からの手紙

を教えてもらったそうだ。

なぜたった一枚の写真でそんなに私に興味を持ったのか。後に彼女に聞いたところ、何か運命的なものを感じたそうだ。また写真の中の部屋の様子から、自分と同じ信仰を持っているとわかり、この人となら必ず分かり合えると確信したと言う。

それから手紙のやり取りが始まった。私は彼女からの手紙が待ち遠しくなった。

彼女からの手紙が届くと返事を書いた。仕事で疲れて帰ってきても、すぐにペンを取った。

当時の国際郵便は今よりもはるかに時間がかかり、日本からサウジアラビアまで届くには一カ月程必要だった。手紙だけが二人をつなぎとめるものだった。

手紙から彼女の生い立ちや今の生活について知ることができた。三歳の時に母親が亡くなり父親が男手一つで彼女と姉を育ててくれたこと、その父親も一年前に亡くなったこと、姉は嫁ぎ、彼女は一人暮らしをしながら和文タイプで生計を立てていたこともあったようである。

彼女がこれまでどんなに大変だったか想像すると、胸が痛んだ。そして、どうせ結婚するなら、苦労した人を幸せにしたいと思った。一度も会ったことがないのに、結婚するなら彼女しかいないと私は心に決めていた。その気持ちは彼女も同じだった。

サウジアラビアでの仕事は当初一年間の予定だったが、延長され結局一年半にも及んだ。

一九六七（昭和四十二）年十二月二十八日、私はジェッダの空港を発った。

日本に戻ったら彼女に会える、彼女と結婚しよう。そんな思いで乗り込んだ帰りの飛行機はレバノン経由だった。レバノンは宝石の街だ。私はガイドに勧められるままに彼女に渡す指輪を買っていた。

しかし指輪にはサイズがある。私はただ早く彼女と結婚したいという気持ちでいっぱいで、サイズのことなど全く考えていなかった。

そして帰国。

初めて会った彼女は、私が思い描いていた通りの女性だった。指輪もオーダーしたのかと思うほど、彼女の薬指にピッタリだった。

結婚とイランへの出発

帰国してからの毎日は非常に慌ただしく過ぎていった。帰国の挨拶だけでなく、結婚の件を山梨の両親や親戚に知らせなければならない。彼女と住む新居は友人が探してくれて相模原市相原に決めた。

そんな時、突然千代田化工建設から呼び出しがあった。

担当者は私の顔を見るなり、今度はイランのカーグ島に行ってほしい、それもできるだけ早く発ってほしいと言うのだ。サウジアラビアで私が修理や整備を行っていた建設機械がほぼ全部イランのカーグ島に送られたので、今度もそこでメンテナンスをしてほしいという依頼だった。

事情は飲み込めた。サウジアラビアでの私の仕事が評価された結果なのもうれしく思った。しかし私は帰国したばかりだ。それにもうすぐ結婚するというのに、彼女を一人残してまた中東に行っていいのだろうか。

そこでふと頭に浮かんだ提案を持ちかけてみた。

当時、東芝からビデオデッキが発売になったばかりだった。カセットテープではなくオープンリールのテープで録画再生するデッキだ。大変高価な製品で、当時の価格で一台百万円を超えていた。

結婚式

実家で花嫁だけの披露宴

私はそのビデオデッキを買ったらどうかと担当者に提案した。日本のテレビ番組を録画してイランで観たいからだと理由も説明した。だから日本で録画するものと、イランで観るためのものと二台必要になる。それを買ってもらえるようなら、イラン行き考えてみると伝えた。

しかし、二台で二百万円以上になる。さすがに無理だろうと思った。ところが、会社はすぐ手配してくれて、ビデオデッキは私より先にイランへ送られた。

イランに発つ一週間前、友達たちが全部準備してくれて、東京の下町で親戚友人を招待して結婚式をあげることができた。

一人にしておくわけにはいかないからと、私の妻になった彼女を両親は山梨に連れて帰った。実家に同居して農作業の手伝いをさせたところとてもよく働き、なんていい嫁だろうと、両親も親戚も近所の人も感心したそうだ。

しかしそれだけではすまなかった。長男の嫁なんだから地元でも披露宴をした方がいいという話になり、彼女を囲んで盛大な宴会を開くことになった。私は既にイランに行っていたから、花嫁だけの披露宴だった。

イラン　カーグ島

カーグ島は、ペルシャ湾に浮かぶ約三十二平方キロメートルの小さな島だ。かつては囚人が流される島だったらしいが、多くの油田があることから石油基地となっていた。もし本土で紛争が起きた場合も、石油を送り出す施設が島にあれば、影響を最小限に留めることができる。だからイランにとってカーグ島は重要な拠点だった。

島の中心部には原油と一緒に出てくるガスを燃やす高さ五十メートルの塔があり、そこからまた五十メートルの炎が立ち昇っていた。遠くの船からは灯台のような存在だっただろう。

カーグ島

油田から汲み出された原油は、島の大きなタンクに貯蔵されていた。島には石油を輸出するための港があり、三万トンもある各国の大きな船が着く。船は多くの海水を積んでいるが、港に入るとその海水を排出する。何も積んでいないと、船はスクリューが浮いてしまい走れないためだ。船の脇から水が排出されると、徐々に船体が浮き上がり、スクリューや舵が見えてくる。すると小さなタグボートで船体を押して岸壁につけるという仕組みだ。

船が岸壁に着くと、今度は原油の積み込みが始まる。約二十四時間かけて、タンクから船に原油が移され、浮かんでいた船は徐々に沈んでいく。そして原油を積んだ船が港を出ていくと、また次の船が着く。私は島の上の原油タンクからいつもその様子を見ていた。もっとそばで見たいと思い、ゴムボートで船に近づいてみたことがある。

港にはタンカーではなく貨物船が入港することもあった。石油プラント建設の資材を届けるためだ。日本の貨物船は、カーグ島で働く私達を船内に招待してくれた。中では、寿司など美味しい日本食をふるまわれ、ひととき仕事を忘れてゆっくりと過ごした。

私は島の宿舎で寝泊まりしながら、サウジアラビアの時と同じように重機の整備や修理を行った。

一番大きなブルドーザーのエンジンが故障し、動かなくなってしまったことがあった。このままでは工事が止まってしまう。「鈴木さん、なんとかしてくれないか」と頼まれた、分解して故障の原因を調べると、部品を交換しなければいけないことがわかった。しかしここはカーグ島だ。日本から部品を取り寄せたら一カ月以上かかってしまう。

そこで私は旋盤で新しく部品を作って取り替え、エンジンを修理した。するとブルドーザーは正常に動きはじめ工事を再開できた。関係者たちに非常に感謝され、翌日、現場責任者から高級なライターをもらった。

カーグ島の港は遠浅なので、本船は岸壁につけられない。船から下ろした荷物はバージーと呼ばれる小さな渡し船に積み込まれる。バージーが岸壁に着くと、クレーンが荷物を受け取りトレーラーに乗せる。

このトレーラーが動かなくなった時もある。故障の原因はシャフトだった。私はシャフトを抜き取り、旋盤で作ったシャフトに交換して修理した。

島内で使う車や自転車のパンクが続いた時期があった。最初は偶然だと思って

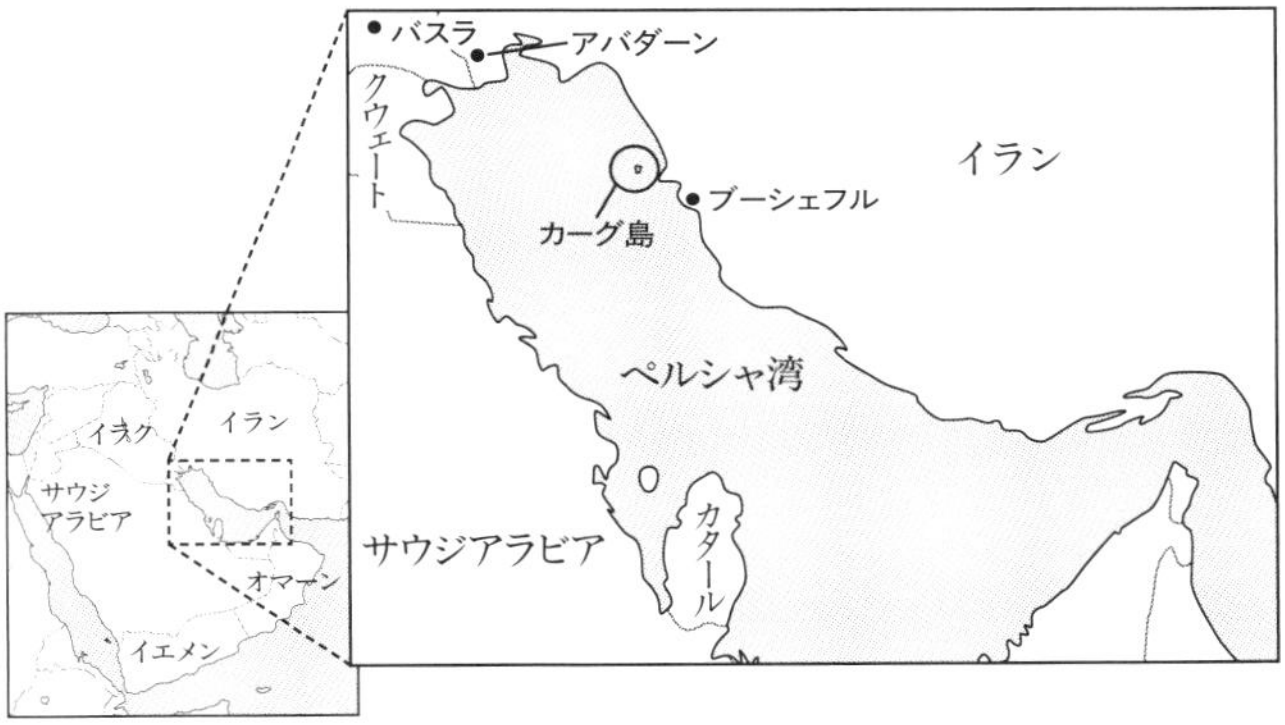

いたが、あまりにも多いので原因を探った。小さな島なので、車のルートは決まっている。いつも通る道に問題がないか調べてみることにした。

すると緩やかな坂道の途中に、釘が大量に落ちているところを見つけた。パンクの原因は、これだ。車が釘を運ぶ途中で荷台から一箱落としてしまったことに気づかずそのままになっていたのだろう。

道に落ちていた釘は手で拾えるような量ではなかったので、磁石を使って拾い集めた。カーグ島では様々なことがあったが、このパンク事件も今となってはなつかしい。

そんなある日クレーンの修理をしていたところ、「鈴木君、ちょっと来てくれ」と所長に声をかけられた。

事務所に行くと、社員が数人集まって話し合っていた。現場で使うコンクリートに混ぜる石材が足りなくなったから岩石を砕いて作る必要がある。しかし岩石を砕くクラッシャーという機械が島にはない。アバダーンというイラン南西部の都市に中古のクラッシャーがあることがわかったが、使えるかどうかわからないので、どうするべきかという話だった。

カーグ島からアバダーンへは、週に二、三本飛行機が飛んでいた。結局私がアバダーンに行って、クラッシャーを確認することになった。

アバダーンへは、プロペラ機で飛んだ。着陸が近づき高度が下がると、太陽が反射する海面に大きなイルカが泳いでいるのが見えた。とても大きかったので最初クジラかと思ったほどだ。私はしばらくその光景を見つめた。

アバダーンでクラッシャーを点検し、すぐにカーグ島に送る手配をした。

紅白歌合戦

宿舎の部屋には、約束通り千代田化工建設からビデオデッキが届いていた。私が会社に提案して設置してもらったとは誰も知らなかったが、これで日本のテレビ番組を観ることができるとみんなとても楽しみにしていた。しかし使い方がわかる者がいない。鈴木さんやってくださいと言われて、仕事から帰ると、さながら映写技師になったようだった。仲間達は、今度いつやる？　今夜観にいってい い？と、上映会を心待ちにしていた。私は番組と上映時間がわかるスケジュール表を作ってラウンジに貼った。

中でも一番喜ばれたのは、ＮＨＫ紅白歌合戦だ。その頃の紅白歌合戦は国民的な大人気番組で、大晦日に日本で録画したテープが届くのを私は今か今かと待っていた。ようやく届いたのは、一カ月後だった。これはみんな大喜びするに違い

ビデオを放映しているところ

ないと思った。そこで紅白上映会のポスターを作って貼ることにした。当日は予想以上の人数が集まった。とても一度には部屋に入りきれないので、二部制だ。紅白歌合戦が始まると、誰からともなく拍手と歓声が上がった。

遠く離れた国で聴く日本のメロディーは、心に沁みる。部屋を見渡すと涙を流している人もいた。私も目頭が熱くなった。

当時私達の食事は、現地食と日本食が半々だった。宿舎にはコックがいて、いろいろと工夫をしてくれていた。

ある日、仲間の一人が「ああ、うどんが

食べたいなあ」とポツリと言った。

彼の一言がきっかけになり、俺も俺もとその場はうどんの話で盛り上がった。宿舎の食事で、日本の麺類が出ることはなかったからだ。

そうか、うどんか。食べたいなあ。私もあのつるっとした口当たりを思い出した。そして考えた。なんとかここでうどんを作れないだろうか。

小麦粉など、材料は手に入る。製麺する機械さえあればいい。

そこで目をつけたのが、発電機に使用している小さなモーターだ。このモーターを旋盤で加工すれば、うどん製麺機ができるはずだ。

出来上がった製麺機をコックに渡すと、早速次の日うどんを作ってくれた。仲間達は、美味い美味いと喜んで食べ、お代わりする者もいた。

私が製麺機を作ったことは誰も知らなかったが、みんなの笑顔がうれしくて、私も一緒にうどんを食べた。


モーターは製麺機以外にも用途があった。エアボートにつけてプロペラを回せば、海上を疾走する乗り物になる。これはサウジアラビアから日本に帰国する途中に立ち寄ったタイで見かけた水上ボートを真似て作った。仕事が休みの日は、五人程で一つのボートに乗り、波しぶきを浴びて走ったものだった。

日本を長期間離れての仕事は、精神的な疲れやストレスも溜まる。ビデオ上映会、うどん、エアボートなどでみんなが気分転換できたことは、仕事にもプラスになったに違いない。現場の責任者だった所長も同じ考えだったようで、いつもいろいろやってくれてありがとうと、よくウイスキーの瓶をタオルに包んで手渡してくれた。当時のイランはパーレビ国王の時代で、酒が自由に飲めた。気の合った何人かで酒を飲む時間も楽しみだった。

長女への思い

妻が妊娠したという知らせが届いたのは、イランに着いてすぐのことだった。父親になる喜びや私の子供を身ごもってくれた妻へのお礼、体を大事にして元気な子供を産んでほしいという労い。妻に伝えたいことはとてもたくさんあるのに、手紙を書くしか方法がなく、もどかしい気持ちだった。

その後何度か体調を知らせてくれる手紙が届き、子供の名前も手紙で相談した。そして出産予定日が過ぎた。もう生まれただろうか、母子ともに健康だろうかと毎日考えているのに、知らせが来ない。夜ベッドに入っても思うのはそのことばかりで、眠れない夜が続いた。

「鈴木さん、手紙だよ」と事務所で言われたのは、朝晩の気温がようやく下がり中東の短い冬が始まった十二月初めのことだった。待ちに待った子供誕生の知らせだ。子供は女の子で、母子ともに健康だから安心するようにとも書いてあった。

私は胸がいっぱいになり、涙がこらえられそうになかった。そこで今日はもう上がって宿舎に戻るからと伝え、自分の部屋に戻った。

自室のドアを閉めた途端、涙が次から次へと溢れて止まらなかった。小さな写真が一枚入っていた。

自分の子供が産まれたのに今は抱くこともできない。見ることさえ叶わない。

日本を離れて働くというのはそういうことなのだ。

どんなに頼まれても、海外の仕事はこれで最後にしよう。私は固く心に決めた。


まだ見ぬわが子がいる遠い日本を思った。

中古車をどこかで一台買って修理し、運転して日本まで帰れないだろうか。いや船を操縦して海を越えていこうか。そんなことを考えた日もあった。しかし仕事を投げ出して、イランを発つわけにはいかないことは、誰よりも自分がよくわかっていた。

早く日本に帰ってわが子を抱きたい。そんな思いを抱えながら毎日仕事をしていたある日、千代田化工建設の役員が事務所を訪ねてきた。海外事業を統括している役員だったため、サウジアラビア時代からお互いをよく知っている間柄だ。事務所や空港まで車で送って行く途中には、仕事のことや家族のことなど、いつも話したものだった。その日も仕事は順調に進んでいますかと私に声をかけてきた。

そうだ、この人に事情を話して頼めば帰国できるかもしれない。そう考えた私は、子供が生まれたこと、手紙で知らせが来ただけでまだ会っていないこと、一日でも早く帰国させてほしいことを伝えた。

彼はしばらく考えていた。しかし、どうしても今私を帰国させるわけはいかないという。重機のメンテナンスに支障が出て、石油プラント建設に大きな遅れが出てしまう恐れがあるからだ。

そうか、やっぱり帰国は無理かとがっくり肩を落とした私に、彼は意外な提案をしてくれた。子供や奥さんが心配だという私の気持ちはよくわかるから、彼が代わりに私の家族の様子を見て来てくれるというのだ。彼はちょうど一時帰国の予定らしい。

この約束を、彼は本当に果たしてくれた。妻のもとへ行って私のイランでの様子を詳しく伝えてくれた。そしてまたイランに戻ってきて、妻や子供は元気にしているから心配しなくていいよと。

彼の話を聞いて、私は残りのイランでの日々を安心して過ごすことができた。

コラム　信仰と私

仕事でも一人の人間として生きていくうえでも、難問題にぶつかったことは幾度となくあった。そんなときいつも私を支えてくれたのは信仰だった。

私が仏法哲学信仰の道に入り、人生の師にめぐり会ったのは十九歳のときだ。

昼間仕事をしながら通い始めた夜間高校の勉強にもついて行けず、自分に自信をなくしていた。生きていくのが嫌になって自殺まで考えたこともあった。

その年の盆休み、山梨の実家に帰省した。夕暮れに縁側に座ってぼんやりしていると、本書にも度々登場する義兄の正和さんから、とある集まりを紹介され、そこは学びの場のようだった。

初めて聞く名前だったので、それって何?と聞き返すと、本当に素晴らしいところだぞと正和さんは言った。そしてそこに入って勉強してみてはどうだと勧められた。東京に戻って近くにそれを知っている人がいたら聞いてみたらいいし、もしいなければ私が紹介するからとも言ってくれた。

正和さんの言葉が頭の中に残って、帰りの汽車の中でもずっと考えていた。

東京に戻ってから当時生活していた寮の仲間に聞くと、その集まりに入っているという人が見つかった。入りたいなら一緒に行こうと言われ、向かった先では、独特の響きを持つ言葉が繰り返されていた。

とんでもない所に来てしまった。宗教団体だと知らなかった私は驚いた。その日は他の人と同じように言葉を唱え、小さな仏壇を買って帰った。

それからは時々会合に誘われるようになった。

会合で知り合った大学生に「願いとして叶わざるなし」という言葉を教わった。

必ず願いは叶う。それは願い自体が自分の力に合ったものに変わっていくから、叶うという意味だった。

その日は一晩中無心で言葉を唱えた。朝になって寮に帰ったのだが、徹夜して寝ていないにも関わらず、これまで感じたことがない清々しさに満たされていた。

それからも仏法哲学を学び続け、私は強くなっていった。人間として生を受けた者全てに使命があることも知った。

自分の会社を持ってからは、製品開発や経営上の問題で迷うことがあった。そんな時も、最終的には仏智、仏の知慧に基づいて判断してきたように思う。

妻との出会いも同じ信仰を持っていることがきっかけになった。子供達の名前も全て恩師につけていただいた。

今は毎朝社員一人一人の健康を祈りながら言葉を唱えている。

仏法哲学は、これからも私の精神的支柱であり続けるだろう。

第三章

開発者として、経営者として

空き缶に注目したが

一九六九（昭和四十四）年、私はようやくイランから帰国した。サウジアラビアと同じように当初の予定が伸びて、一年一カ月の駐在だった。

日本製紙、日立製作所、川崎重機、千代田化工建設、サウジアラビア、イランでの仕事で、ありとあらゆるものの整備をし、ほとんどの機械の仕組みはわかるようになった。また修理の時に必要な部品が手に入らなければ、自分で作ってしまったことも一度や二度ではなかった。

そこで私は考えた。

よしこれからは自分で何か機械を作ってみよう。

人に喜ばれるものを作れば、きっと仕事になるはずだ。

では何を作ろうか。

その時目に入ったのが、空き缶だった。

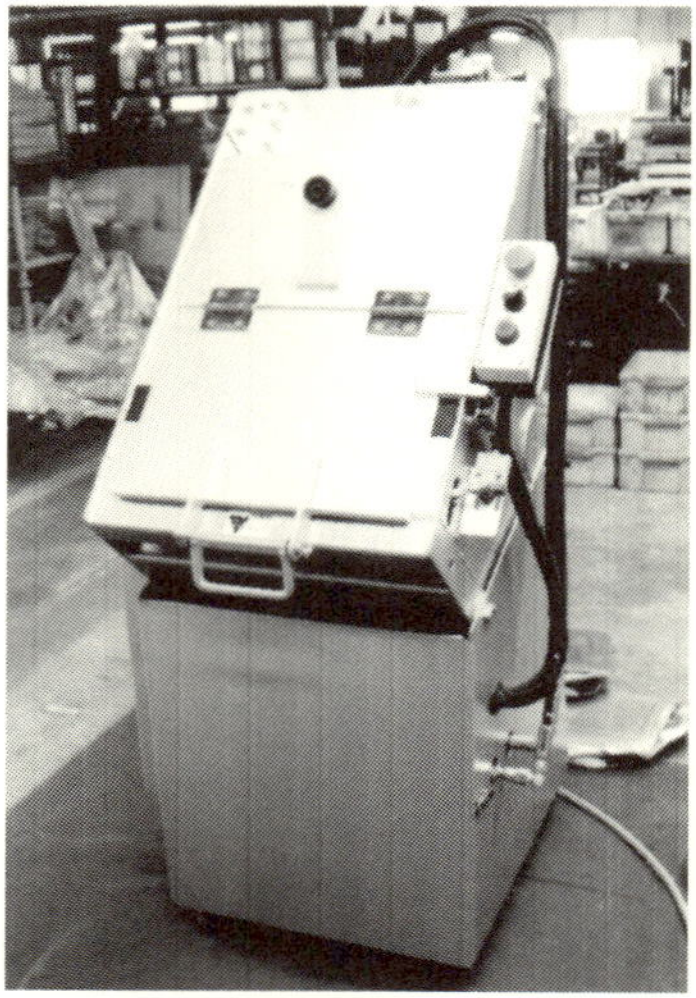

現在、弊社で製造販売している
一斗缶つぶし KAN1 型

日本のビール会社が缶ビールを初めて発売したのは、一九五八（昭和三十三）年だ。それでもまだ当時は瓶ビールが主流だったが、缶を開けたらいつでもどこでも飲める手軽さは魅力だ。これからは缶ビールの時代が来るはずだ。

ビールだけでなく、日本で初めての缶コーヒーも私が帰国した年に発売された。もうすぐ缶入りの飲み物が中心になるはずだ。ということは、大量の空き缶をゴミとして扱うことになるだろう。そこで私は空き缶をつぶす機械を作ろうと考えた。

空き缶は油圧機械でつぶせるように設計した。つぶすだけではなく、そのまま収集して運べるように、機械は二トントラックに取り付けた。これなら大量の空き缶処理も簡単になる。絶対、売れる。私は自信があった。

試作品を何度か作り、改良を重ね、完成した。空き缶をつぶして運ぶ車だ。しかし期待して販売を開始したものの、注文が来ない。一度使ってもらえばこんなに便利なものはないとわかるのにと思うと非常に残念だった。

空き缶をつぶして運ぶ車は発売が早過ぎたのだと気づいたのは、何年か経ってからのことだった。日本人が缶ビールや缶コーヒーなどを日常的に飲むようになるのは、もう少し先だったのだ。

リフトとの出会い

鈴木さんの好きな仕事があるよと友人に言われたのは、それからしばらくしてからのことだった。社長に会って話を聞いてみてはと勧められた。

紹介された会社の本社は、新宿歌舞伎町の奥にあった。当時の歌舞伎町は、現在のような繁華街ではなくビジネス街だった。

高度経済成長期と呼ばれるこの頃、東京ではいたるところで道路工事が行われていた。現場ではアスファルトに切れ目を入れて部分的に壊し、ガス管や水道管を埋め込むという作業があった。その時に使われていたのがアメリカ製のカッターという機械だ。カッターは三百キロを超える非常に重い機械のため、人間の力だけで車に乗せたり降ろしたりすることは困難だった。そこで使われていたのがリフトゲートだった。

またカッターを使用する時には、チップソーという切断用部品が焼けないように水を少し流していた。そのため現場では水が入った大きなドラム缶を上げ下げする必要があり、やはりリフトゲートがなければ作業が進められなかった。

リフトゲートも最初はカッターと同じようにアメリカから輸入していたが、国産化して製造販売していた会社だった。

私が生涯をかけることになるリフトとの出会い、一九七〇（昭和四十五）年のことだ。あの日あの会社を訪ねていなければ、その後の私の人生は全く違ったものになっていただろうと思うと、人間の運命とは不思議なものだ。社長からは工場長として働いてほしいと言われた。

初出勤の日が来た。まず事務所に行って、工場はどこにあるのかと尋ねた。すぐにでも製造を始めたかったからだ。しかし事務所にいた社員は、工場？と怪訝な顔をした。そしてうちには工場なんてない。製造は全部下請けがやっていて、社内では簡単な設計や営業、メンテナンスなどをやる程度だと言うのだ。話が違う。私は驚いて、すぐに社長のもとに向かった。

社長は、下請けから届く製品の取り付けと整備だけやってくれればいいと言う。しかしそれでは本当に納得いくものが作れない、自社工場でやるべきだと主張し続けた。

社長はなかなかうんと言わない。工場を作るにはコストがかかるし、自社で製造しても利益は大して増えないと考えているようだった。

それなら、自分で工場を作ればいい。会社の方で資材だけ用意してもらえば、後は私が建てますからと社長に申し出た。実はもう工場の図面も準備してあった。こんな工場を作りましょうともう一度社長に訴えた。

社長はしばらく迷っていたが、なんとか私の熱意が伝わったようで、工場建設の資材調達を承諾してくれた。

自分の会社を持って

工場長の仕事は工場作りからスタートだ。三十坪ほどの広さだったが、大工場にも負けない製品を作る空間にしようと思った。

工場が完成してからは、リフトの製造から車への取り付けまで全て社内で行った。人手が足りなくなってくると知り合いに頼んで募集したが、アルバイトも一人一人私が面接して選んだ。

リフトゲート GL 型

下請けに任せていた時とは違い、小さな部品のひとつひとつまで自分の目で確認できる。時間はかかるが製品の完成度も上がり、少しずつ注文も増えてきた。鈴木さんのところのリフトは安心して使えるよとお客さんから言われることが何よりも励みになった。

二年後、社長から呼び出された。生産が軌道にのり私も気持ちに余裕が生まれていた頃だった。

社長は顧客が増えたことを喜んでいるようだったので、これからもっといい製品を作ると伝えるつもりだった。実は次の機種ももう考えていた。

ところが、社長はもうリフト製造事業を辞めることにしたと言う。利益率が悪いらしい。会社としての撤退は決まっていることも告げられた。

私はショックのあまり言葉が出なかった。

私が作った製品を使っているお客さん達の顔が目に浮かんだ。何かあったらいつでも修理しますから連絡してくださいと納品の時私はいつもお客さんに言っている。会社がリフト製造を辞めてしまったら、これまで販売してきた製品のメンテナンスはどうなるのだろう。

社長は私に会社の別の部署に移ってもいいし、自分の会社を作ってリフト事業を引き継ぎたいのならそれでもいいと言う。つまりリフト製造は儲からないので会社は手をひくが、私に自分でやってみないかという話だった。

私は悩んだ。リフト作りの技術なら自信があった。しかし採算が取れないから会社が撤退する事業だ。私には養わなくてはいけない家族もいるし、会社を起こすからには社員や社員の家族へも責任が生まれる。

開発者、技術者だけでいれば、もの作りのことだけを考えていればいい。会社勤めの方が楽だが、経営者になればそうはいかない。

それでも私が出した結論は、自分でリフトの会社をやることだった。リスクや責任を背負っても、人の役に立ち誰かに喜ばれるものを作り続けていきたい。迷っていた私を最後に突き動かしたのは、使命感だった。


リフトゲート事業を引き継ぎ、一九七三（昭和四十八）年十二月、東建リフトゲート（株）を、東京都稲城市で創業した。

しかし社長になっても、仕事はこれまでと同じだった。

どんな製品がいいか、どんな設計にするか徹底的に考えるのは夜だ。そして昼、具体化して製品を作る。

図面上ではうまくいっても、部品や加工過程で問題が出てしまったこともある。コストがかかりすぎるとわかって、設計変更を余儀なくされた時は悔しかった。

一つの機種を完成させるまでの道程は大変だったが、それでもコツコツ続けていると、中型トラックや大型トラックに取り付けるリフトゲートの注文が増え、徐々に軌道にのってきた。

この頃取引が始まったのがY社だ。Y社は、静岡に本社がある主にトラックのボディを作っている会社だった。

他社でスウエーデンの会社のコンビリフトという製品を使っているが、国産のリフトゲートを作りたい。私に作ってくれないかという依頼をY社から受けた。

そこでまず私は世界中の特許文献を取り寄せて調べた。私の会社で特許を取ることができるリフトゲートを作るためだ。そして外国製に負けない国産のリフトを作るという目標を定めた。

試作品は何度も作った。もうこれで大丈夫だろうと思った製品ができたので、お客さんに使ってもらったら思うように動かなかったこともある。失敗が続き、私は壁にぶつかっていた。

ちょうどその頃、信仰していた宗教の勉強会に参加する機会があった。そこで

ウイングとリフトゲート YL 型

出会ったのが「行き詰ったら原点に戻れ」という恩師の教えだ。

その言葉に、私は目から鱗が落ちた思いだった。そうだったのかと私は気づいた。

何度作り直してもだめだと悩んでいたが、原点、つまり最初の地点に戻っていなかったのだ。

私は途中までできていた設計を白紙にして、図面作りからもう一度始めた。するとそれまではわからなかった自分のミスや思い込みが見つかり、開発に成功することができた。

そして完成したのがリフトゲートＹＬ型だ。製品番号には、開発過程で協力していただいたY社の頭の字Yをつけた。私はY社には初代社長を初め二代目社長、三代目社長、社員の皆様に大変お世話になりました。

このリフトゲートYL型で、私は初めての特許を取得した。今日までのべ特許九十件、実用新案八十件の取得をしている。

試作品でテストしこれでいけるとなったらすぐに特許申請の手続きをした。

私はかつて特許を考えたことがあった。

川崎重機勤務時代のことだ。初めてメンクを動かした時（47ページ参照）、もっと効率よく土を運べる車を作ってはどうかと上司に提案した。両側のキャタピラの中にエンジンなどの装置を収納してしまえば、進入経路が狭い工事現場などにも使いやすくなると考えたからだ。いわば日本版メンクだ。

上司は私のアイデアに賛成し、特許申請を行った。そしてある重機メーカーに製造の提案をしたが、話はまとまらず製品化することはなかった。

当時のY社にはこの油圧技術のノウハウがあまりなかった。私には長年多くの重機の整備や修理の中で身に付けてきた油圧についての知識があったため、Y社の社員に協力した。

油圧技術を利用した代表的な製品の一つが、ウイングボディのトラックだ。荷台部分の側面がまるで鳥の翼のように跳ね上がる機構を装備したトラックで、荷物の積み降ろしを効率的に行うことができる。左右の扉が開放されるため、フォークリフトを使った作業が非常にスムーズになる構造のトラックだ。私の会社で油圧の装置やシリンダーを作り納品し、Y社にはとても感謝された。このトラックはよく売れ、私の会社とY社が一緒に発展するきっかけとなった。

その他に車体と荷台部分が脱着できる脱着ボディも製造した。荷物の積み下ろしにかかる時間が大幅に短縮できるため、作業がより効率的になる製品だ。

開発は順調に進んだが、この頃私は思わぬ事故にあった。

右手の人差し指と中指が機械に巻き込まれ、指先が一センチほど削られてしまった。それでも仕事を中断するわけにはいかない。病院で治療を受け、会社に戻った。

しばらくして傷は治ったが、怪我をした二本の指は一センチほど短くなり、指先の感覚を失ってしまった。人差し指と中指ではパソコンのキーボードや電卓は叩けず、不自由な体となった。

仕事が増えるにしたがって、工場が手狭に感じるようになってきた。実際に製造するスペース以外に、完成した製品テストを行う場所も必要だ。工場が広ければ、いくつもの機種を同時進行で進めることもできる。

また稲城工場の場所を立ち退かなければならない問題も発生した。次のステップを考える時がきたと思った。

本社移転と日本リフト創業

東建リフトを創業した頃友人から工場用にいい土地があると聞いた。場所は、神奈川県相模原市だった。

私は早速現地へ案内してもらった。これなら駐車場を作っても工場のスペースも十分取れる。三階建てや四階建てにして、事務所や会議室も作ろうか。

新工場のイメージはどんどん広がっていったが、問題は価格だった。

予算を大きくオーバーしていたのだ。資金面ではY社から、建設面では栗山鉄工場から協力いただきました。


リフトゲート事業を引き継いでから、経理は妻に任せていた。売上も支払いも、資金繰りの状況も全部知っている。

この土地を買って新しい工場を建てたいと言ったら、妻は何と言うだろう。

リフト製造を引き継ぐと決めた時も、妻は何も言わなかった。

しかし今度はどうだろう。

銀行から多額の融資を受けるのがどれだけリスクのあることか、妻は誰よりもわかるはずだ。賛成してくれるだろうか。

結局妻は反対の言葉は一言も口にしなかった。

心から私を信頼し応援してくれているのだとわかり、本当にうれしかった。その気持ちに応えるためにも、さらに良い製品を作り続けていかなければならないと思った。

しかし何も言わなくても余程心配だったのだろう。妻はそれから三日間寝込んでしまった。

予算オーバーだと感じたのは、妻だけではなかった。本社建設の資金融資を申し込んだところ、金融機関の審査が通らなかったのだ。いくつもの銀行や信用組合などにあたったが、答えは同じだった。うちの会社には無理な借入額だと判断されたのだろう。融資が受けられなければ、土地も買えないし、本社も建てられない。私は頭を抱えた。

その時力になってくれたのが、東京都民銀行の担当者だ。

彼はまだ二十代の営業マンだった。大学を卒業して銀行に入りまだ数カ月。新しくこの地区の担当になりましたと、飛び込み営業してきたのが彼だった。普段ならアポイントのない営業からは名刺をもらうだけだった私だが、彼とは初対面の時から話が弾んだ。そして取引も始めた。

なぜそのような新人と、すぐに契約したのだろう。自分でも不思議だ。

もちろん彼の誠実な人柄が伝わってきたためではあるが、もしかしたら走りまわっている彼の姿に、日本製紙時代や川崎重機時代の自分を重ね合わせていたのかもしれない。

結局彼が上司に何度もかけあって、融資の話をまとめてくれた。

新しい会社の社名を考える時も、彼が同席していた。

社名をどうするか、私は悩んでいた。鈴木リフトというのも、どこか違う。東京リフトもおかしい。何かいい社名がないかと考えていた時に、日本リフトというのはどうでしょうと彼が言った。

なるほど、日本リフトか。人の役に立つ国産のリフトを作るという私の思いにピッタリの言葉だ。こうして社名は決まった。

その後彼は別の支店に異動となった。担当ではなくなっても、私達の交流はそれからも続いた。

土地を購入してからは、現地を見に行くのが楽しみになった。仕事の合間や仕事が終わってから、度々車を走らせたものだ。

工場建設が始まると、現地に向かう頻度がますます増えた。重機が入って基礎工事をしている様子を見ながら、私自身も会社の基礎作りをしなければならないとあらためて思った。

一九七七（昭和五十二）年十月、完成した相模原工場に移り、翌十一月から営業を始めた。自分で土地を選び工場を建てた場所での製造開始だ。この時が本当の意味での創業だと思った。

翌一九七八（昭和五十三）年三月には、社名を日本リフト株式会社に変更した。三十五歳の春、社長として社員七名と一緒にスタートした時のことは今もよく思い出す。

コラム　日本のモータリゼーションを支えてきたもの

日本の自動車産業が急速に発展した一九六〇年代、一九七〇年代は、車を作る会社がたくさんあった。

自動車をいくら作っても足りない時代だった。当時言われて話しに「軒下と尺棒一つあれば、ボディは作れる」という話しを聞いたことがある。

軒下は雨風を凌いで作業ができる場所で、尺棒は物差しだ。それだけあれば、木型のボディを作ることができた。

昔のトラックの場合、エンジンやハンドル、荷台の下のシャーシー部分などは自動車メーカーで作られていた。その他の運転席やボディなどを作っていたのが、ボディ屋さんだ。

ボディ屋さんには、いろんなボディを作る技術があった。それを支えていたのは、下請けの板金屋さんや木工屋さんなど、それぞれの専門知識を持っ

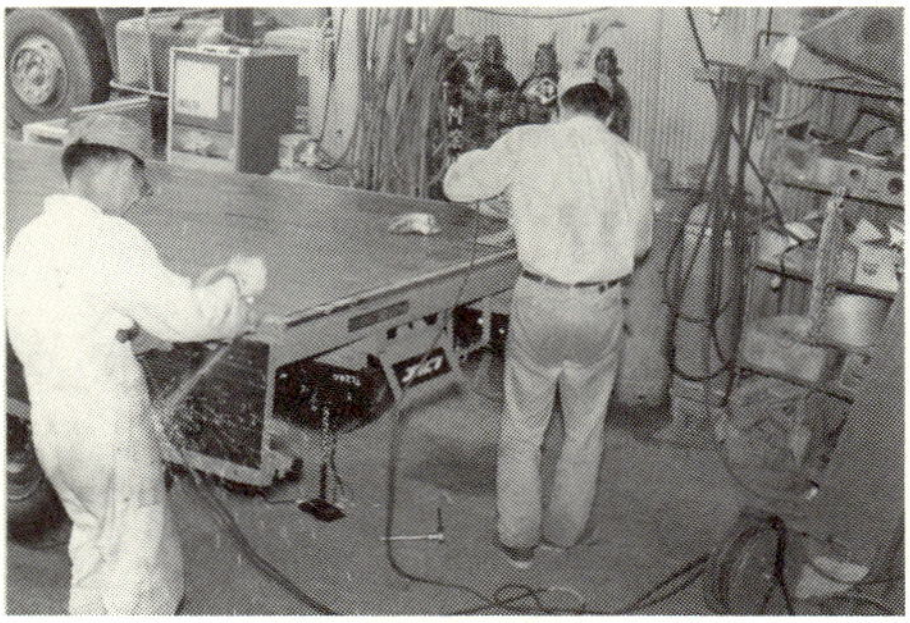

工場で働く人たち

た人達だ。運転席も現在のような豪華なものではなく、大工さんが木で作ったベンチ型で、そこに座布団を敷いてドライバーが運転をしていた。

そんなボディを作っていた小さなボディ屋さんが数多くあったが、その後統合が何度も繰り返され現在に至っている。

日本のモータリゼーションは、大きな自動車メーカーが主導してきたという考え方もある。しかしそれだけではないと私は思う。日本で自動車作りが始まってからの様々な技術の積み重ね。そして自動車作りに打ち込んできた小さな会社の地を這うような努力。それらが現在の日本車文化の繁栄に繋がっているのだと考えている。

第四章

技術で障害者の生活を変えたい

車椅子の人の社会進出を助けるために

トラック用リフトの注文が徐々に増え始めた一九七〇（昭和四十五）年頃、福祉用の車を作っている会社からの注文が入った。車椅子を昇降させるリフトを車につけたいという依頼だ。うちの会社の製品のよい評判も耳にしていて、トラック用の技術を生かして車椅子用のリフトも作れないかという相談だった。当時は日本全国でも外国製の車椅子用のリフトがごく少数使われていただけで、国産の製品はまだなかった。

お客さんの会社で作っている小型バスは、障害者施設の送迎に使われていた。朝は、まず自宅に迎えに行って車椅子の人をバスに乗せ、施設に到着したら下ろす。帰りは反対で施設で乗せて自宅で下ろす。自宅と施設の往復だけでも一日二回の昇降がある。現在は家族や施設の人が障害者を抱きかかえて乗り降りを助けているらしい。

バリアフリーという言葉が誕生する前の時代だった。

車椅子用リフトについて考えていた時、少し前にテレビで観たドキュメンタリーを思い出した。筋萎縮性側索硬化症（ＡＬＳ）と闘いながら研究を続ける世界的な物理学者についての番組だった。ＡＬＳは全身の筋肉が衰えていく難病だ。彼は多くの補助器具を使って生活し、口でペンを持ち論文を書き、目の動きで会話していた。

すごい人がいるものだと思ったが、同時に気づいたのは体が不自由になっても能力や才能を発揮する方法はあるということだ。車椅子が必要な人も、福祉制度に助けられて生活するだけではなく、仕事を持ち、税金を納める。そんな社会に少しずつでも近づいていけないだろうかと考えた。

そのための第一歩は、まず車椅子の人が少しでも外出しやすくなることだ。車の乗り降りを補助する車椅子用リフトがあれば、障害者の行動半径はきっと広くなる。

私は稲城の小さな工場で車椅子乗降用リフトの開発に取りかかった。

トラック用リフトも車椅子用リフトも、重量のあるものを昇降するという点は同じだ。しかしチェアリフトは人を乗せるわけだから、安定した動作と安全性がより重要になる。万が一何らかの原因で動きが止まってしまっても、強いショックがかからないようにテストを繰り返した。

そして一九七五（昭和五十）年、我社最初のチェアリフトが完成した。ボタンを押すと小型バスの床の一部がリフトになって下降する仕組みで、福祉施設の送迎バスなどで利用されることになった。この製品は今もシンガポールで使われている。

車椅子スキーバス

チェアリフトの製造を始めてからは、障害を持つ人達と会う機会が増えた。私と同年代の男性Aさんもその中の一人だ。Aさんは二十歳前に事故で両脚が不自由になり、それ以来車椅子の生活になったそうだ。もう歩けないのだとわかった時は絶望して、生きていても仕方がないとまで思いつめたが、少しずつ自分でもできることを見つけ、今は仲間もできたとAさんは話してくれた。

Aさんの趣味は車椅子スキーだった。車椅子スキーはチェアスキーとも呼ばれる。普通のスキー板の上に取り付けた専用の椅子に座って腕を使って滑るスポーツだ。チェアスキーは一九七〇年代にアメリカで始まったばかりだったが、日本でも楽しむ人が少しずつ増えてきていた。

Aさんの口癖は、「足が動かなくてもスキーはできる」だった。車椅子スキーに出会ってから笑顔になることが増え、日々の暮らしに張り合いが出てきたそう

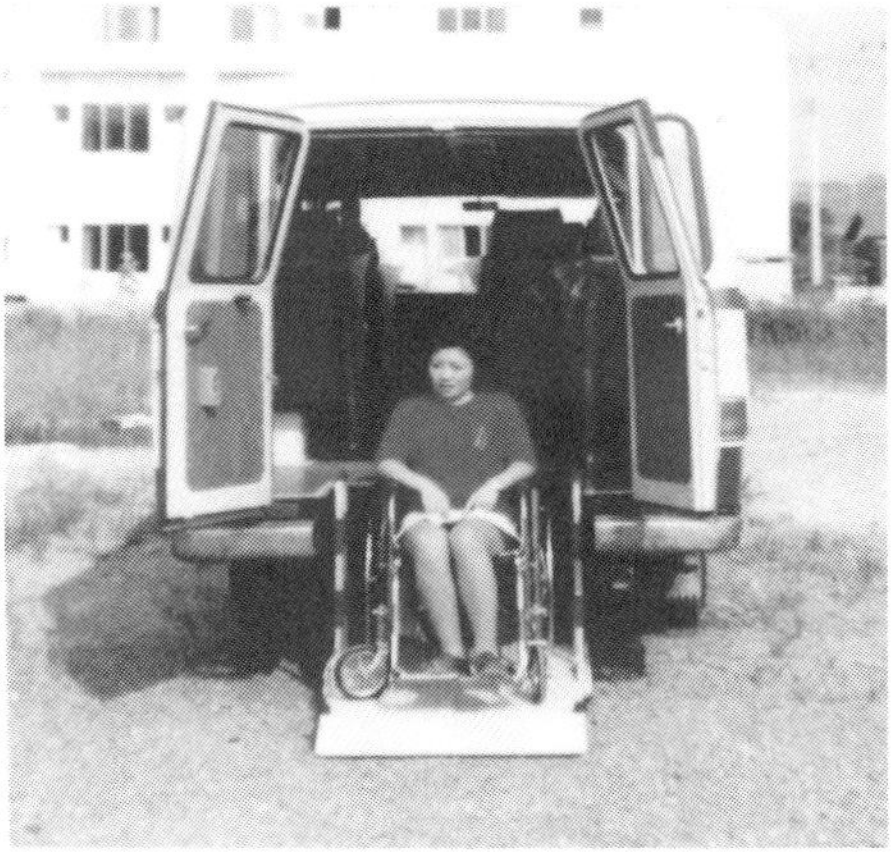

小型バスに取り付けた最初のチェアリフト（1975 年）

車椅子スキーのグループに寄贈した車

だ。だからゲレンデに雪が積もるのをとても楽しみにしていた。

チェアスキーに行くための車を作ってほしいとAさんに頼まれたのは、秋が深まってきた頃だった。Aさんはチェアスキーを楽しむ団体の代表もやっていたが、メンバーが徐々に増えたそうだ。そこで今年の冬はみんなでゲレンデに行こうと盛り上がったのだが、車椅子のまま乗れる車が見つからない。どうしよう、行くのは無理だろうかと困っていた。

わかった、それならうちの会社が専門だよと、すぐに製造を開始した。


Aさんの団体がスキー場に出発する日がやってきた。マイクロバスにチェアリフトをつけた車だったが、これなら乗り降りしやすいので安心だと、好評だった。

僕達のスキーの様子をぜひ見てほしいと言われて、私も一緒にスキー場に向かった。座ったままのスキーはどのように滑るのか想像できなかったが、実際に見てみるとその迫力に驚いた。ものすごいスピードで滑って、方向転換や静止もお手のものだ。体力も能力も健常者には負けていない。

自宅から出て安全に移動できる方法があれば、障害者の人達の生活は大きく変わる。

車椅子でも行動範囲が広くなれば、これまで諦めていたこともできるようになる。

私の技術と経験が役立つなら、これからも車椅子用リフトの開発と製造に力を入れていこうと思った。

そしてチェアスキーの場に招待してもらったお礼として、チェアリフトつきバスはAさんの団体に寄贈した。

大型バスにも車椅子用リフトを

それから主にマイクロバスなどの車体に装着するリフトを製造していたが、一九八五（昭和六十）年、初めて大型バスにリフトをつけてほしいという依頼が

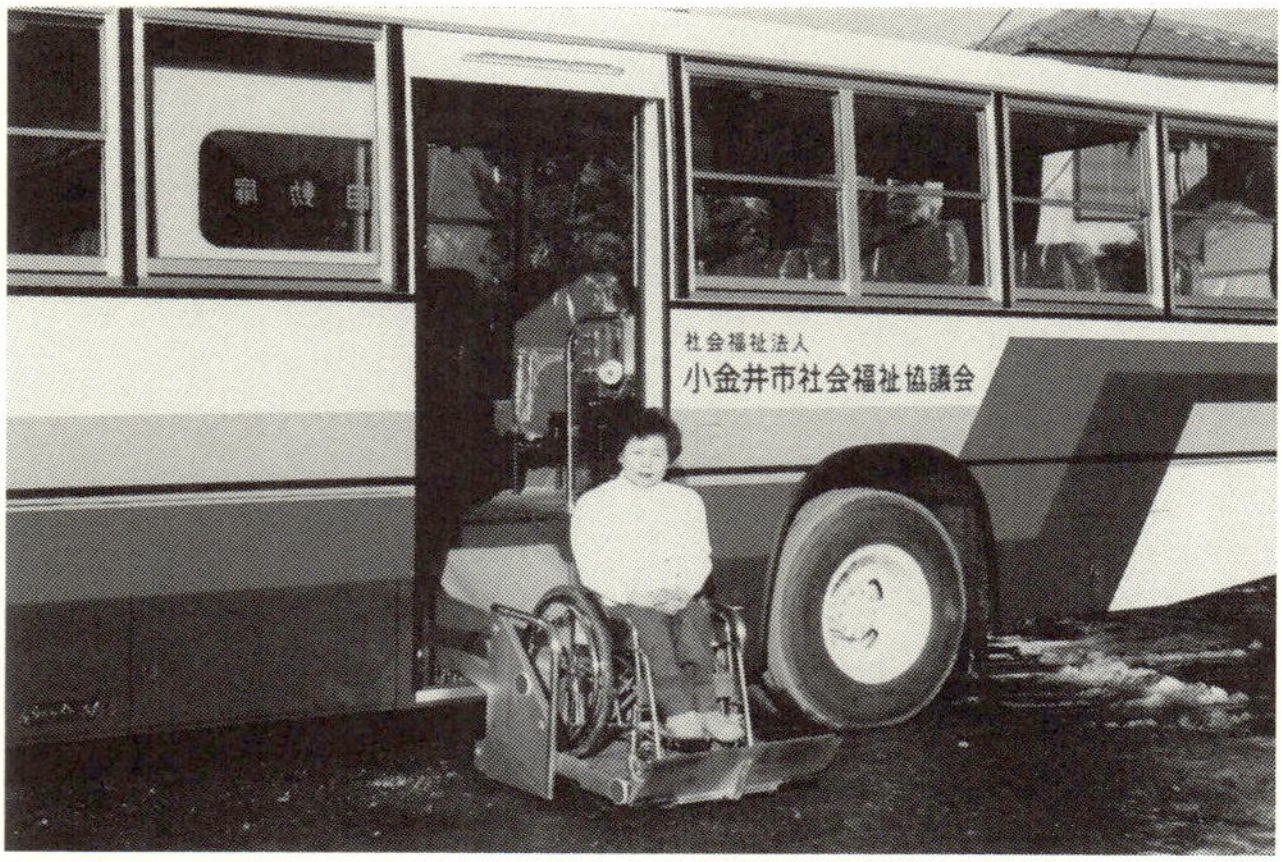

初めてのステップリフトがついた小金井市社会福祉協議会のバス
（1985 年）

あった。

マイクロバスの場合は、車体の後ろから床の一部が出てきてそこに車椅子の人が乗るが、大型バスの場合は車体の左側にリフトをつけるので、設計変更が必要になる。

そして初めてのステップリフトが完成し、この製品が装着された大型バスは、東京小金井市の社会福祉協議会で障害者の送迎に利用された。

この製品を作りながら考えていたのは、このステップリフトを路線バスにも装着できないだろうかということだ。路線バスの乗り降りが楽になれば、障害がある人の生活はもっと便利になる。私は障害者用のステップリフトの存在を多くの人に知ってもらわなければと思った。

「関係者を集めてステップリフトの説明会を開いてはどうでしょう」とアイデアを出してくれたのは、障害者の送迎サービスを行っている会社の人だった。いつも車椅子の人の外出をサポートしているから、ステップリフトがどんなに役に立つかよくわかると言う。こんなにいい製品がごく一部の車やマイクロバスにしかついていないのは、もったいない。たくさんの人に紹介する機会を作りましょうと、一緒に考えてくれた。

障害者の生活について考える東京都主催のセミナーがあると教えてくれたのもその人だった。そしてセミナーの中で私がステップリフトの紹介をできるように話をまとめてくれた。

当日は、自動車会社やバス会社の社員や東京都の職員、障害者のサポートをしている人達などにステップリフトの仕組みや使い方、安全性などを詳しく説明した。車椅子の人の外出の大変さを知っている人達は、興味を持って聞いてくれていた。

パネリストとして登壇し、あらためて気づいたことがある。これまでは自分の仕事は人の役に立つ製品の開発だと思っていた。

しかしそれだけではだめなのだ。

新しい製品であればあるほど、その良さは誰も知らない。生活をどのように変えてくれるものかも実感できないだろう。

だから開発した製品について具体的に紹介していくことも、自分の責任であり使命でもあるのだ。

一人でも多くの人にステップリフトを利用してもらうために、できることは全てやろうと心に決めた。

セミナー後、東京都の都バス担当者には個別に会う機会を作り、再度ステップリフトを路線バスにつける必要性を再度説明した。区議会議員や都議会議員に協力を頼んだこともある。最初はそんなことができるのかと言った人もいた。しかし何度も話をするうちに、体の不自由な人が外出しやすい社会を作ることは、今後さらに進む高齢化社会を考えた上でも重要になると理解を示してくれた。

実際の路線バスにステップリフトを導入するためには、自治体の予算も必要だ。車椅子の人が路上でバスに乗り降りするとなれば、交通安全協会の許可も得なければならない。

手続き上の問題で、東京都の路線バスへのステップリフト導入は予想より時間がかかった。早く決まらないだろうかと東京都からの連絡を待っていた私に、予想もしなかった知らせが届いた。

大阪市が市バスに日本で初めてステップリフトの採用を決めたのだ。

大阪市バス

大阪市営バス発表会

大阪市は、意思決定も実用化も早い傾向がある。東京の都バスにステップリフトを導入する動きがあるのを知り、大阪でもと検討を始めていたらしい。

私は全国の複数の自治体にステップリフトを紹介していたが、東京都が最初に採用してから他の都市に広がっていくのだろうと考えていた。予想は外れたが、実用化が決まったのはうれしい。他の都市にも良い影響があるに違いない。何より大阪市営バスに装着されることになり、私が作ったりフトのついたバスが大阪の街の中を走るのだと思うと、感慨もひとしおだった。

大阪市主催の発表会には、私も出席した。知事や市長も参加した盛大な会で、これからリフトを利用することになる障害者の人もたくさん集まってくれた。開発者として挨拶をした後、実際に乗ってもらいながら説明を行った。階段状のプレートが下降し車椅子を乗せるために形を変えて上昇すると、会場からは拍手が沸き起こった。

会が終わって帰り支度をしていると、車椅子に乗った高校生ぐらいの女の子に呼び止められた。出席者の一人のようだ。

車椅子でバスに乗る機械を作った方ですかと聞かれたので、そうだと答え、発表会に出席してくれたお礼を言った。

すると彼女は私に直接感謝の気持ちを伝えたかったのだと言う。

車椅子で路線バスに乗り降りできるようになれば、自由に行ける場所が増えるのがとてもうれしい。もちろんこれまでも頼めば、両親はいつでも車に彼女と車椅子を乗せて連れていってくれたが、ちょっと買い物に行きたい時やふとどこかに出かけたい時は両親に頼むのが申し訳ないと感じていたそうだ。普段から心配や迷惑をたくさんかけていることを思うと言い出せず、我慢していたと言う。

当時から、車椅子でも利用しやすい店舗や施設は、増え始めていた。しかしいくら行先が段差のない設計になっていても、気軽に移動できる手段がなければバリアフリー社会とは言えない。

技術とは、生活を便利にし、人生を豊かにするためのものであるべきだ。これからも人の役に立つ製品を作っていこうという思いを新たにして、私は新大阪駅に向かった。

車椅子用リフトの活用の場が広がって

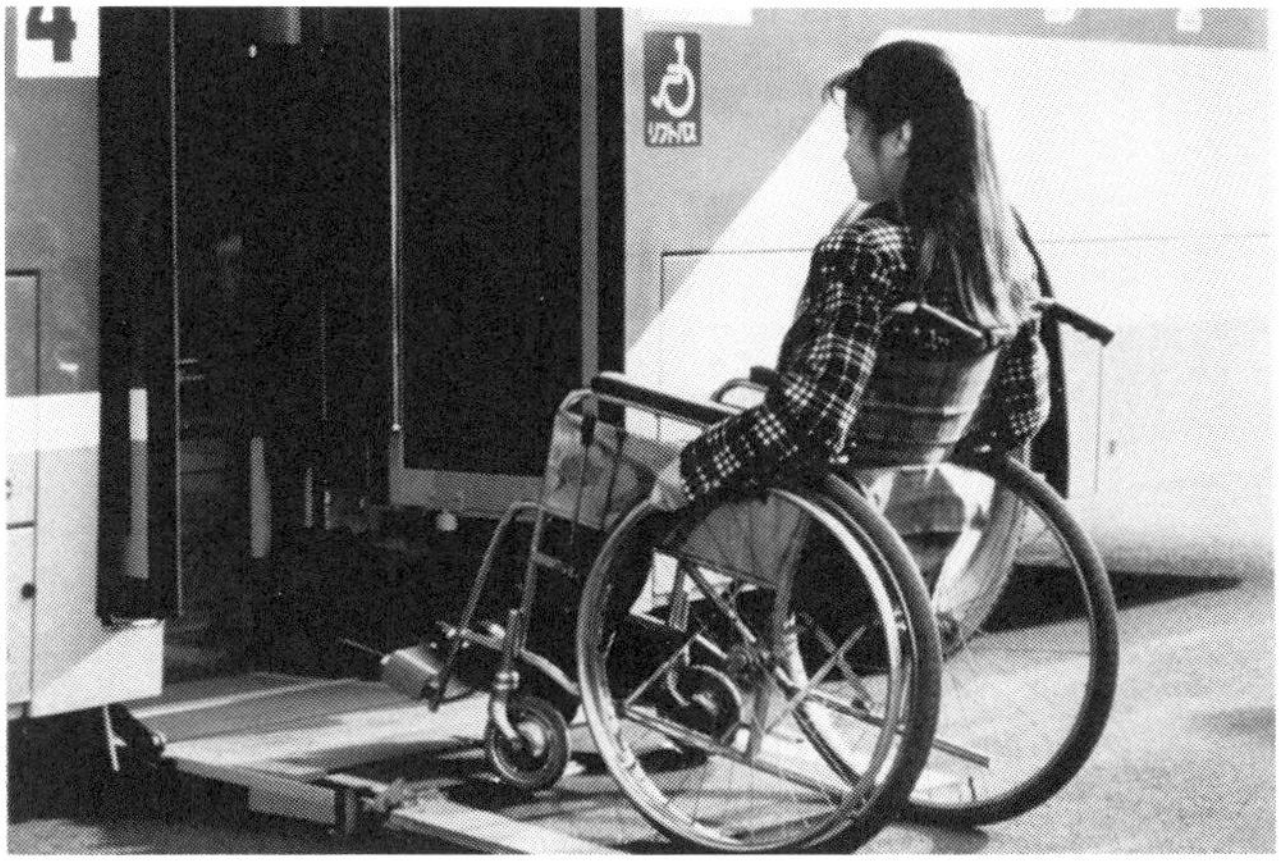

東京都のバス

大阪市から一年遅れて、東京の都バスにもステップリフトの装着が決まった。これで多くの障害者が外出しやすくなる。車椅子の人の生活を技術で変えることができたと思うと、達成感があった。

路線バス用のステップリフトは量産化できたが、それ以外はほぼ受注生産のようなスタイルだった。車体のサイズなどに合わせて、車椅子用リフトの製造を続けた。車椅子用リフトは、私達が当初想定したよりはるかに多くの場所で必要とされていることがわかった。

例えば遊園地などのバスは、家族と一緒

に来園した車椅子の子供達や特別支援学校の子供達などが乗り降りする。安全に乗り降りできるだけでなく、テーマパークのイメージになじむようデザインにもこだわった。これならバスに乗りこむ時から、遊園地の雰囲気を楽しめるはずだ。

一九九八（平成十）年三月には、長野冬季パラリンピックが開催された。冬季パラリンピックとしては、アジアで初めての大会だ。三十一ヶ国から五百人以上の選手が参加し、各種スキー競技やアイスホッケーなどでメダルを競った。

大会中、宿舎から競技会場への選手の移動は、バスを使用する。車椅子の選手がスムーズに乗り降りできるように、チェアリフトつきのマイクロバスが長野に応援に行った。自社製品を通して世界的アスリート達の活躍をサポートできたことがうれしかっただけでなく、各国の選手が私の作った日本製のリフトを使ったのだと考えると誇らしい思いを感じた。

ドクターカーを製造している自動車会社からストレッチャー用のリフト製造の依頼があったのも、この頃だった。ドクターカーとは、医師や看護師が乗って救

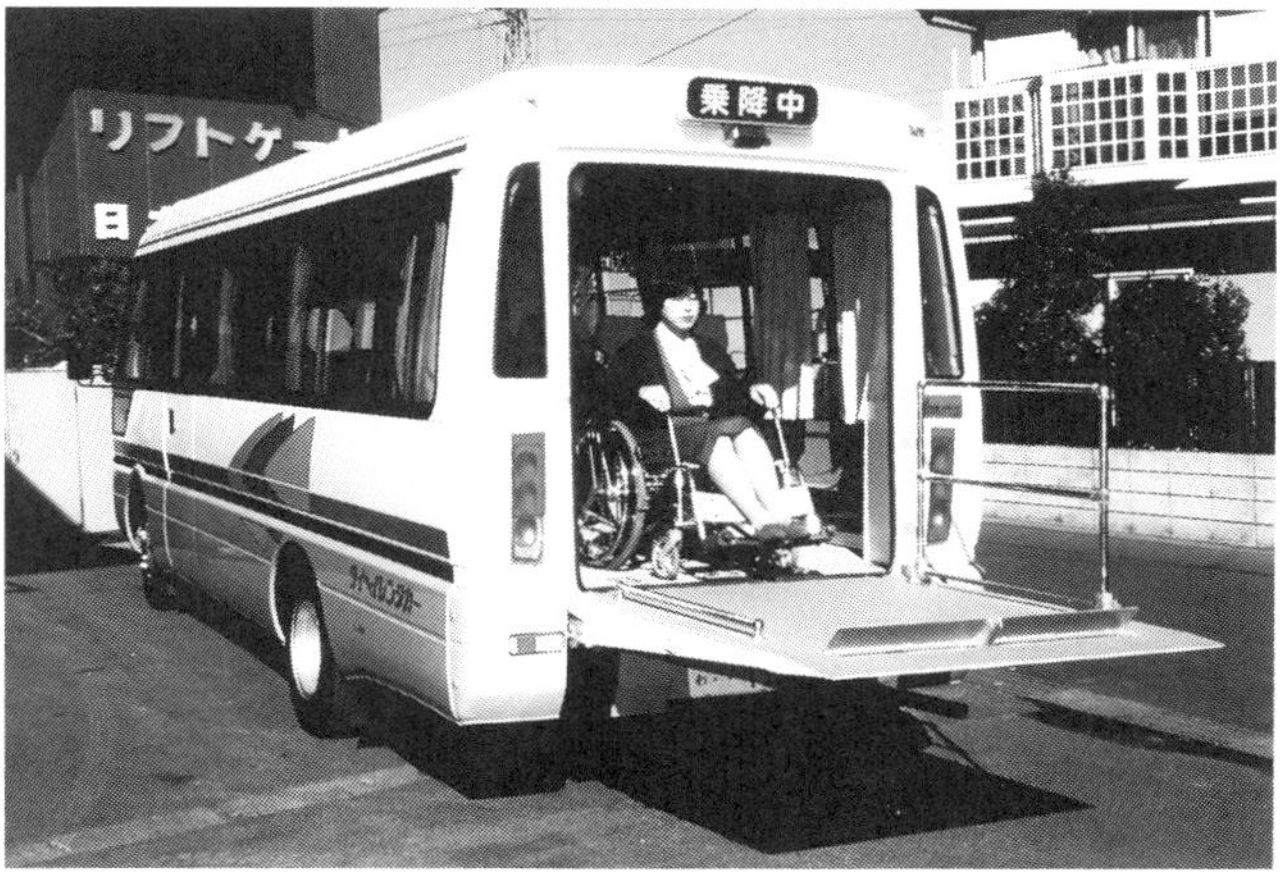

パラリンピックで使用したチェアリフト

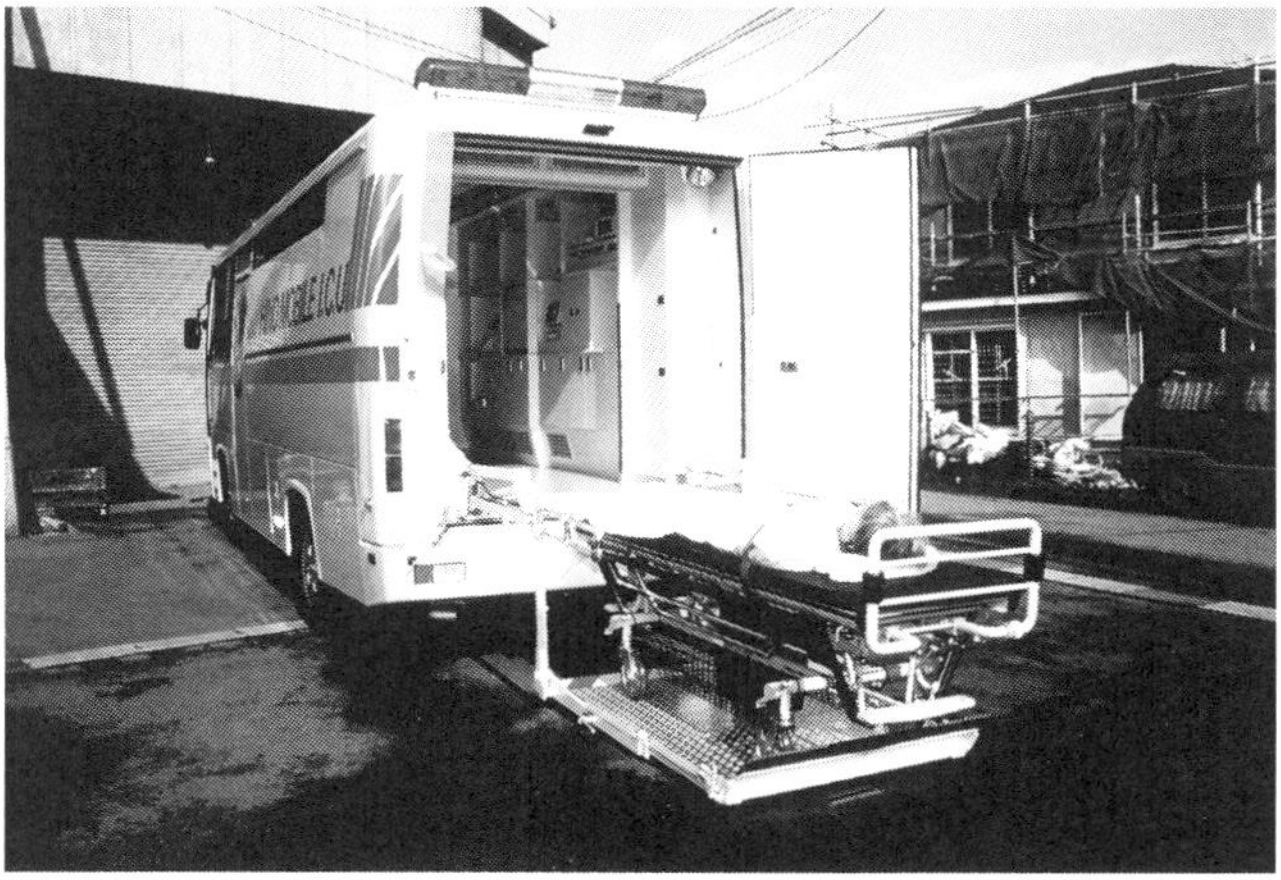

リフト付ドクターカー

急現場に向かう車だ。社内で緊急の医療措置から簡単な手術まで行うことができるので、救命率が上がる。重篤な患者さんを安全に車内に移すためのストレッチャー用リフトにも、私の会社の技術が役立った。

悔しい思いを乗り越えて

仕事をしていれば、いいことばかりではない。理不尽な体験もたくさんしてきたし、悔しい思いは数えきれないほどあった。

新しい製品を考えて開発するという仕事上、何よりやりきれないのはアイデアを模倣されることだ。もちろん特許は申請するが、私の製品と少し変えたものが発売され、すぐ同じような製品が作られる。

大企業は資金力や販売力が桁違いのため、中小企業のアイデアを自社の製品に取り入れ発売してしまう。

そんな経験を繰り返しているうちに、何があっても驚かないようになってきた。模倣されたらどうするか。

それ以上よいものを開発するしかない。

思えばリフトゲートやチェアリフトを作り始めてからの私の人生は、開発する、模倣される、開発する、また模倣される、また開発するといった繰り返しだった。

退職した社員が、うちのアイデアを持ち出していて、製品化したこともある。

この時は製品自体の問題よりも、信じていた社員に裏切られたということの方に大きなショックを受けた。

それでも悔しい思いを乗り越えるたびに、私自身も私の会社も強くなれたように感じている。

ものづくりを続ける限り、避けられないことかもしれないが、私はこれからも立ち向かっていこうと心に決めている。

コラム　故郷を詠む

ウグイスの　声美しき　春の山
残雪に　新緑はえる　甲の山
あぜみちを　照らす光は　ホタルかな
あばら屋を　立てかえたくも　みれんかな
ふるさとの　庭のひろさに　心見て
幼き日　南アルプス　のぞみゆく
大武川　石が鳴るかな　嵐の夜

コラム　中東を詠む

紅海は　魚影大し　豊かな海
じりじりと　熱き太陽　地を照らす
朝焼けに　夕焼け赤し　アラブの地
紅海の　大海原のそのはてに　アフリカ大陸あり
砂漠行く　山なみはてに　羊飼い
紅海の　豊かな磯に　サンゴショウ
桟橋で　海を眺めし　エイのかげ

第五章

もの作りのプロとして生きる

社増築と山梨工場建設

本社移転のために銀行から借りた資金は、七年でローンを組んでいたが、繰り上げて五年で返済した。本社は最初二階建てで建築したが、四年後の一九八一（昭和五十六）年に四階建てに、十二年後の一九八九（平成元）年には五階建てに増築した。

私の会社では、ほとんどの部品を自社生産している。リフトゲートを一台製造するには、大小様々な部品が必要だ。正直なところ部品は外注した方がコストは削減できる。自社生産は人件費もかかるし、部品を作るための機械も所有しなければならない。それでも常に優れた製品を完成させるために、私は自社生産にこだわってきた。本社を増築したことで、部品を製造するスペースも生まれた。

六階には集会場を作り、友光会館と名付けた。広さは八〇畳ほどある。このスペースは私や社員達が使うだけでなく、地域の人達にも無償で利用してもらっている。稲城市から相模原市に移ってからも私の会社が順調に業績を伸ばすことができたのは、地域の人達の支えがあったからだと感謝しているからだ。お祭りや各種イベントなどで六階が賑わう日は、私も地域の一員として楽しんでいる。

本社増築と並行して考えていたのが、新しい工場の建設だ。リフトを早く作ってほしいと自動車会社から急かされるようになったからだ。もっと生産能力を高めなければ対応できない。増築したものの本社工場だけでは限界がある。そこで新工場の場所を探したが、候補となったのが山梨県だった。

山梨は私が幼い日を過ごした故郷だ。季節が変わるたびに違う顔を見せる美しい山々、水の様々な表情が楽しめる精進の滝。滝つぼで西瓜を冷やして食べた子供の頃がなつかしい。

山梨には、親から受け継いだ千五百坪ほどの農地があった。あそこに工場を建ててはどうだろう。中央高速道路を使えば、首都圏へのアクセスも悪くない。

本社工場

友光会館

敷地が広いので、保養所を作ることもできる。豊かな自然に囲まれた地で、少し車を走らせれば水の音と鳥の声しか聞こえない滝もある。社員達も喜んでくれるはずだ。

私は山梨工場と保養所の建設準備を始めた。

まず農地の転用手続きだ。農地を農地以外のものに変更するのは、法律上なかなか難しい。無理だろうかと一度は諦めかけたが、地元の村長や村会議員の協力もあり、無事転用の許可を取ることができた。

よしこれで着工できると安堵したものの、本当に大変なのはそれからだった。

バブル経済に沸いた一九八〇年代後半、日本国内では建築ラッシュが始まっていた。人手不足のうえに、建築費や人件費も高騰していた時代のため、自分達で基礎工事を行うことにした。

そこで力になってくれたのが、あの小さな巨人、義兄の正和さんだった。重機の手配からコンクリート工事の段取りまで助けてくれて、本当に心強かった。正和さんがいなかったら、山梨工場は完成しなかったかもしれない。

山梨工場

記念碑

基礎工事を始めてからわかったのだが、敷地には多くの岩石が埋まっていた。積み重なっている部分もあり、時には重機を使って取り除かなければならない。基礎工事が難航していると聞き、私も現地に向かった。もう業者だけには任せていられない。私も工事に加わった。

朝六時に相模原の本社を出発すると、山梨の現地に着くのは八時頃だ。そのまま一日工事をして、夕方五時に山梨を出発し七時に本社に戻る。そして書類に目を通し翌日六時にはまた山梨に向かうという毎日だった。どうしても帰れなかった日や疲れが限界まで溜まった時には知り合いの民宿に泊まったこともあった。

空が抜けるように青い夏の日だった。遮るものはなく、太陽がジリジリと照り付ける。汗を拭いながら、工事の妨げになりそうな石を一つ一つよけていく。もうこれで大丈夫だろうと思うと、もっと大きな石が現れる。

私は時間が経つのも忘れて石を取り除き続けたが、ふと気づいた。この作業は何かに似ている。そうだ、ものづくりと同じだ。

思うようにならなくても、壁にぶつかっても、コツコツ続けることで、基礎が出来上がる。そこからすべてが始まるのだ。

私はこの時感じた思いを句にした。

夏の空　築く礎　永久に幸

敷地から掘り出した岩石は、中庭を造るために利用した。その中でも特に大きな石があった。二十トン近くもある御影石で、農作業の際はどんなに邪魔になっただろうと思った。しかし私はこの石がとても気に入ったので、クレーンで吊り上げ中庭の一角に記念碑として設置した。石に詠句を刻み、社員達が私と同じ気持ちで働いてくれることを願った。

共に歩んだ仲間達

私が今日までもの作りを続けてこられたのは、決して私一人だけの力ではない。協力をしてくれた多くの人達や共に歩んでくれた初代仲間達のおかげだといつも感謝している。

まず創業当時私の元で働いてくれた初代工場長。彼とは様々な製品を一緒に作ってきた。図面を広げ、ここはこうしよう、いやそれより別の方法がいいと話し合った日々は本当に楽しかった。

彼が家族のためを思うあまり金銭トラブルを抱えてしまったことがある。その時私が助けたことをいつまでも恩に感じてくれていた。

「最近、どうも疲れやすくて」と彼が言っていたのは、数年前の秋だった。年のせいですかねと笑う彼に、すぐに病院で診てもらうように私は言った。

彼はそれから徐々に痩せていき、自分でも体調の悪さを感じていたようだった。

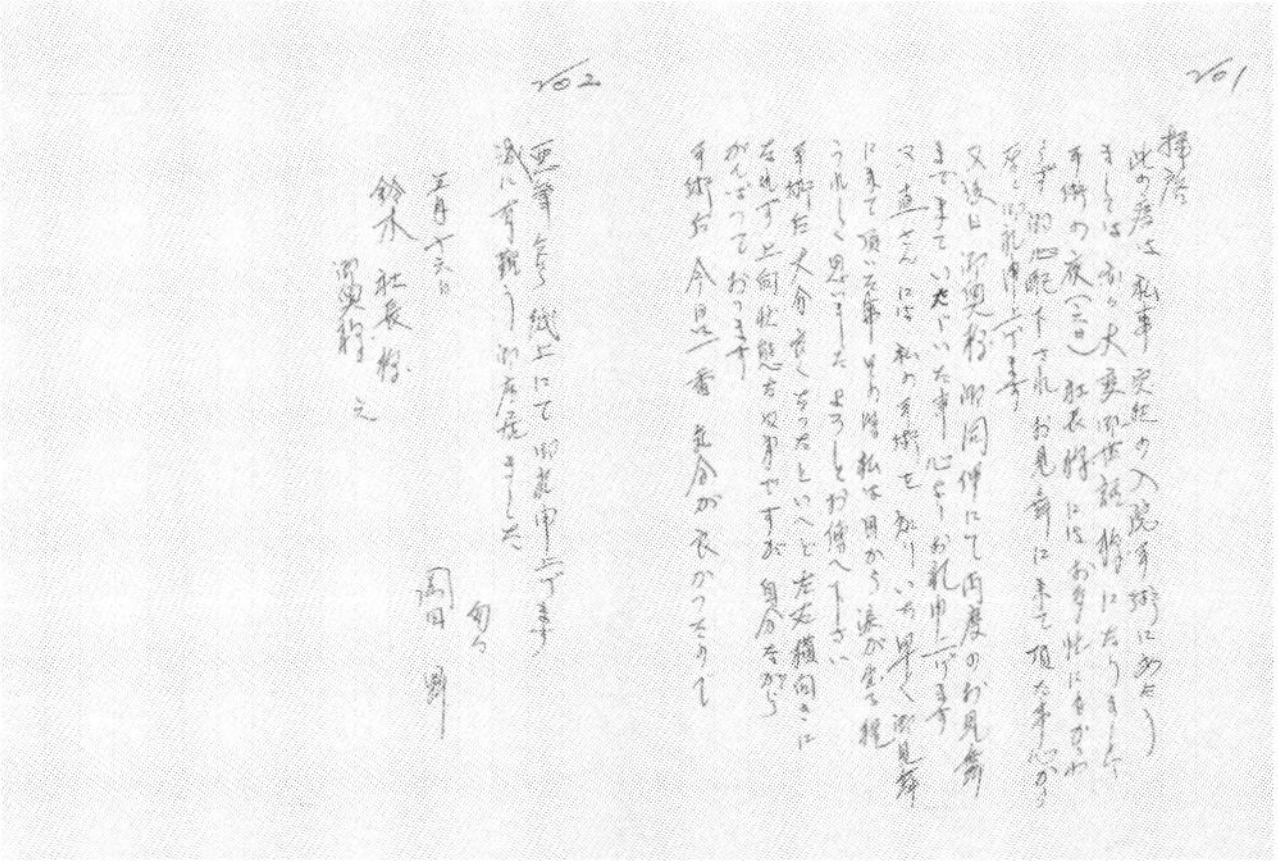

拝啓
此の度は 私事 突然の入院手術にあたり
ましては 重々大変御世話様になりまして
手術の夜(二日) 社長様にはお忙しい中を
わざわざ御心配下され お見舞に来て頂いた事 心から
厚く御礼申し上げます
又後日 御奥様 御同伴にて 再度のお見舞
まで来て いただいた事 心より お礼申し上げます
又 直さんには 私の手術を知り いち早く御見舞
に来て頂いた事 其の時 私は目から涙が出る程
うれしく思いました よろしくお伝え下さい
手術は大分良くなったといへど 未だ [illegible] には
なれず 上向き状態 [illegible] ですが 自分をかばう
がんばっております
手術は 今日が一番 気分が良かったので
悪筆乍ら 紙上にて 御礼申し上げます
誠に有難う御座いました
五月十六日　岡田 [illegible]
鈴木 社長 様
御奥様 へ

工場長からの手紙

そして病院を受診した時には、もう手の施しようがないほど病気は進行していた。

最後に見舞った後、彼から届いた手紙は、今も時折読み返す。彼のような社員に出会えて私は本当に幸せだったと思う。

一九八四（昭和五十九）年八月に入社した梶田さんは、とても優秀な技術者で発明家だった。梶田さんは元船乗りというユニークな経歴の持ち主で、仕事に大変熱心な人だった。昇降装置や荷役作業機、チェアリフト等多くの製品が梶田さんの発案から生まれた。

梶田さんと同じ年の十月に入社した関根さんは、非常に営業センスがいい人だった。

梶田さんと関根さんはとてもいいペアだった。二人で一緒にお客さんのところに行けば、まず関根さんが先方の要望を聞き取る。そして図面を描き形にするのが梶田さんだった。梶田さんと関根さんが設計図を見ながら膝を突き合わせて話していた姿を今も思い出す。


社員ではないが、弁理士の村井先生とも長い付き合いになる。最初に会った時村井先生は大学卒業後勤めた事務所を辞めて独立したばかりだった。私の会社の製品の特許はすべて村井先生にまかせている。

いつだったか、私は鼻が高いよと村井先生が言ったことがある。申請しても特許がおりない製品の会社もあるが、日本リフトの製品は自信を持って申請できるし特許が必ずおりるからだと言う。

特許が切れそうな製品があれば、先生から連絡が来る。また一つの製品の中にいくつもの特許が含まれることもあり、特許とは非常に難しい。迷った時、困った時はいつも村井先生が助けてくれた。私が安心して製品開発に集中できたのは、村井先生の存在があったからこそだったといつも感謝している。

もの作りは積み重ね

こういうものが作れないか、こういったものが欲しいというお客様の声に応えて、私は長年開発を続けてきた。またいろんな場で見たものも、製品のヒントになっている。

例えば、一九八一（昭和五十六）年に発表した垂直リフトゲートＳＬ－１Ｔ型は、北欧を旅行中に見かけた光景から思いついたものだ。飛行機を降りてバスでターミナルに行く途中、バスに荷物を搭載しているリフトが目に入った。動きがとてもスムーズだった。

垂直リフト SL-1T 型

これと同じようなものを、いやそれ以上によいものを作りたい。そんな思いで設計、開発したのが垂直リフトゲートSL－1T型だ。荷台のゲートが地面までフラットに降下するので、安定した状態で荷物の搬入ができる。このリフトは今も日本の空港内で使用されている。

そして垂直リフトゲートをさらに改良したのが、安全リフトＩＤＯＵ1型だ。安全リフトＩＤＯＵ1型は、垂直式リフトゲートをトラックから切り離したような構造の製品で、荷物を乗せるプレートがワイヤーとリモコンによってエレベーターのように上下に動く。また四箇所にキャスターが付いているので使用したいところに手動で移動することができる。最大八〇〇キロの荷物を載せてもリモコンスイッチで安定した上昇下降することができる。

つまり荷物の発着地に用意すれば、トラックにリフトゲートが搭載されていなくてもスムーズな荷役作業が可能になる製品だ。

トラックに荷役装置を搭載すると、その装置重量だけ車両が重くなるので荷物を積載できる重量が減らされてしまう。また車両が重くなるので、燃費が悪くなるし二酸化炭素排出量も多くなる。

地球温暖化の原因は、二酸化炭素をはじめとする温室効果ガスだと言われている。長く自動車輸送の仕事に関わる者として、二酸化炭素の排出削減のために何かしなければならないという思いは消えることがなかった。

安全リフトなら二酸化炭素の排出量を減らし物流のコストを抑えることができる。

製品名にも理由がある。なぜ「安全」とつけたのか。

それは、トラックの荷台後部に設置したテールゲートリフターと比較すると安全性が高いからだ。

荷物の積み下ろしで広く使われているテールゲートリフターは、実は労働災害が多い。厚生労働省の公表データによれば、二〇一一（平成二十三）年には三万六百七十件、二〇一二（平成二十四）年には三万千六百十七件もの労災がテールゲートリフターの作業中に発生している。知人の工場でも事故も何件か耳にしたことがあり、私はこの問題を何とかできないかと以前から思っていた。

そこでテールゲートにはなぜ事故が多いのかを考えた。まず荷物の落下を防ぐための安全柵を取り付けにくいことだ。そしてゲートが傾いている時に荷物の動きを作業員が支えきれないため思わぬ事故につながってしまう。

原因がわかれば、それを解決すればいい。安全リフトには九〇センチの高さがある安全柵を装着した。またプレートが常に水平なので、労災は起きにくい。

安全リフトは、地元相模原市が毎年主催する「相模原市トライアル発注認定制

安全リフト

安全リフト

安全リフト

安全リフト

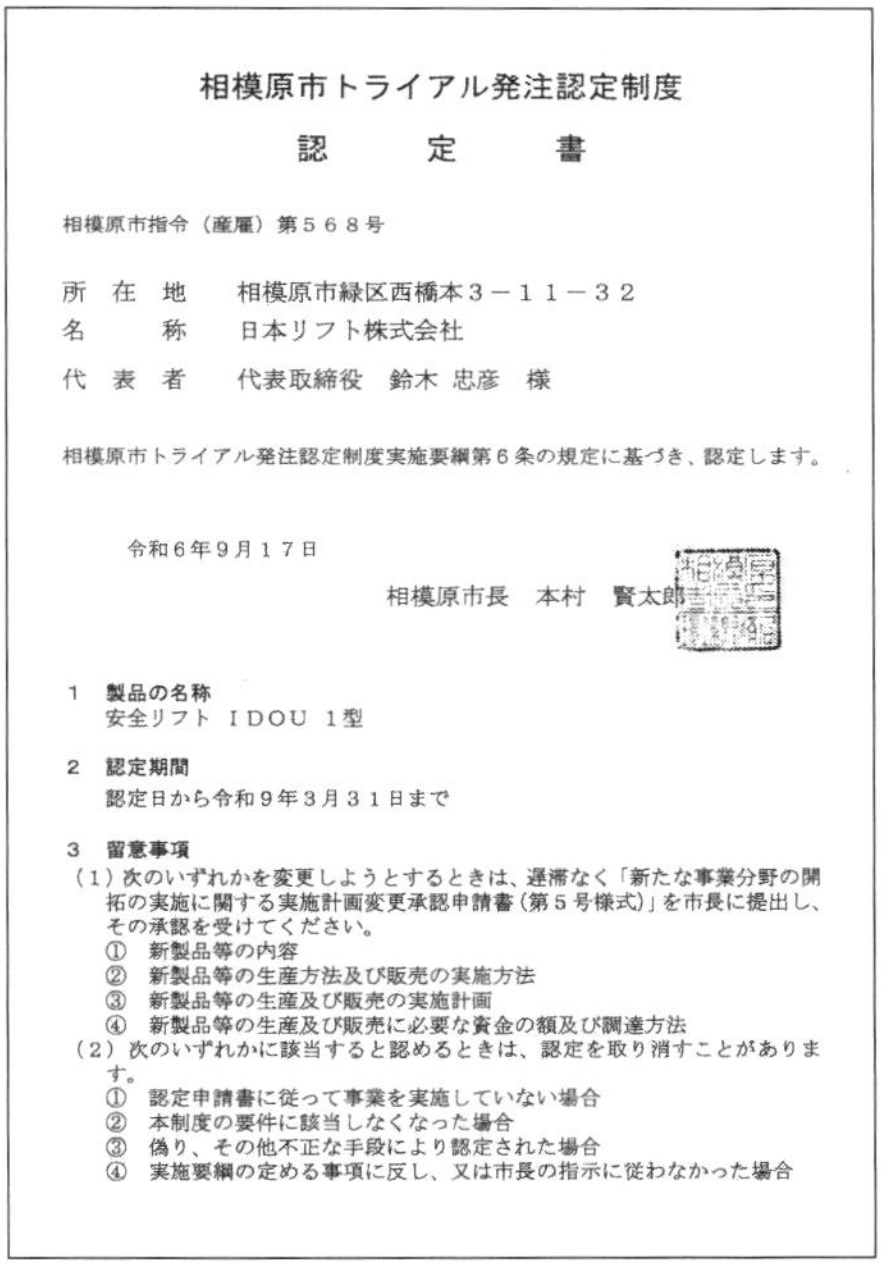
相模原市トライアル発注認定制度

認　定　書

相模原市指令（産雇）第５６８号

所　在　地　　相模原市緑区西橋本３－１１－３２
名　　　称　　日本リフト株式会社
代　表　者　　代表取締役　鈴木 忠彦　様

相模原市トライアル発注認定制度実施要綱第６条の規定に基づき、認定します。

令和６年９月１７日

相模原市長　本村　賢太郎

1　製品の名称
安全リフト　ＩＤＯＵ　１型

2　認定期間
認定日から令和９年３月３１日まで

3　留意事項
（1）次のいずれかを変更しようとするときは、遅滞なく「新たな事業分野の開拓の実施に関する実施計画変更承認申請書（第５号様式）」を市長に提出し、その承認を受けてください。
① 新製品等の内容
② 新製品等の生産方法及び販売の実施方法
③ 新製品等の生産及び販売の実施計画
④ 新製品等の生産及び販売に必要な資金の額及び調達方法
（2）次のいずれかに該当すると認めるときは、認定を取り消すことがあります。
① 認定申請書に従って事業を実施していない場合
② 本制度の要件に該当しなくなった場合
③ 偽り、その他不正な手段により認定された場合
④ 実施要綱の定める事項に反し、又は市長の指示に従わなかった場合

相模原市トライアル発注認定証

度」にも認定された。これは市内の中小企業が開発した優れた新製品や新サービスの販路開拓を支援する制度だ。

私の会社は、創業してもうすぐ五十年を迎える。その間製造してきた全ての製品に自信も愛着もある。しかしどれが一番ですかと聞かれたら、私はいつも最新の製品を選ぶ。

ものづくりは、技術の積み重ねだ。そして「誰かのためになるもの」「世の中の役に立つもの」を作るという思いを最も大切にしてきた。

これまでいろんな試行錯誤を繰り返してきた集大成として今がある。それがこ

の安全リフトなのだ。

新しい製品を開発するためには、閃きが必要だ。しかし閃きと言っても何もないところからパッと浮かぶわけではない。お客様の声や要望を聞いて私達が経験したことの蓄積の中から生まれる。

私の好きな言葉に吉川英治の「我以外皆我師」という教えがある。自分以外の人、物すべてに学ぶところがあるという意味だと思う。だからいろんな物を見て、頭に刻んでおく。それが全て自分の中の蓄積になるのだと考えている。

そして開発して終わり、売って終わりではない。私の会社の製品を使っているお客様に対して責任を持ち続けることを忘れてはいけない。

私の会社には、北海道から九州まで全国に一七〇の協力会社がある。これは販売のためだけの会社ではない。

リフトゲートを搭載した車は、全国を走っているわけだから、どこかで壊れた

NLK 協力会総会

ら、そこで修理できなければお客さんに大きな迷惑がかかってしまう。修理が必要な場所でできるだけ迅速な対応をするための協力会社だ。

ものづくりは難しい。

しかしもの作り以上に楽しいものはない。

もっと良いものを、もっと人の役に立つものを。

私の頭の中にはいつも図面が広がっている。

コラム　菊づくり

私は木や花など植物を育てるのが好きだ。一時は大菊を百二十本程咲かせたことがある。大菊だけでなく、鉢から流れ出るように咲く懸崖という品種の菊も二十本育てた。

菊づくりを詠んだ吉川英治の有名な句がある。

菊作り　咲きそろうときは　陰の人

手間がかかる菊を作るのは大変なことで、そしてその菊が見事に開花した時は、育てた人は陰になって見守っているという意味だ。

この句を知ってからは、美しい花や木を見るたび、育てた人がどこかでひっそりと見守っていることを思う。

トラックショー

菊づくりの写真

おわりに

私は旅が好きだ。

アジア、ヨーロッパ、南米と、これまで数多くの国を旅してきた。個人旅行が難しい北朝鮮に行くことができたのは、貴重な体験だった。

南アフリカの最南端では、思わぬトラブルに巻き込まれた。

ケープタウンの夜景を見ようと山に登った時、ふもとで火事が起きてしまったのだ。

炎が大きくなりながら、山を登って迫って来る。逃げ場はない。

もうじき炎が到達すると思った瞬間、助けが来た。

車で逃げるから早く乗れと言う。そして私達が乗り込むやいなや、出発した。

車は炎の中をくぐって、猛スピードで走る。まるで映画のワンシーンのようだった。車に火が燃え移らないか心配だったが、なんとか無事に脱出することができた。

社員旅行にも毎年行った。国内だけでなく、フィリピン、香港、マカオ、タイ、マレーシア、台湾、韓国、中国など、様々な国を訪ねた。社員の家族が一緒に行ったこともある。

社員旅行にも様々な思い出がある。酒瓶を持って店に入ろうとして怒られたのは、香港だった。社員旅行の写真を見ると、当時一緒に頑張ってくれた社員達のことを思い出す。

ケープタウンの山火事

旅の写真

旅の写真

こうして自叙伝を執筆してみると、私の人生も旅のようなものだったと思う。

ものづくりの旅、誰かの役に立つものを開発する旅だ。

私の中には、今日まで五十年かけて蓄積された膨大なものづくりのデータがある。これらは図面にすればさまざまな物を作ることができるいわば打ち出の小槌だ。


これからどこへ行くのか。

どんな出会いがあるのか。

私のものづくりはまだ旅の途中なのだ。

生命の我が身されども　とわにまた

訪問した国

サウジアラビア／イラン／エジプト／レバノン／パキスタン／北朝鮮／韓国／中国／香港／マカオ／台湾／南アフリカ／ベトナム／シンガポール／マレーシア／タイ／インド／インドネシア／カンボジア／フィリピン／カナダ／アメリカ／ハワイ／グアム／オーストラリア／ニュージーランド／フィジー／ロシア／オーストリア／ハンガリー／ドイツ／スイス／イタリア／ローマ／オランダ／デンマーク／オスロ／ノルウェー／スウェーデン／ヘルシンキ／ギリシャ／イギリス／フランス／ブラジル／メキシコ／アルゼンチン

著者略歴

鈴木忠彦（すずきただひこ）

昭和 17 年 8 月 27 日	山梨県で生まれる。
昭和 33 年 3 月	武川中学卒業
昭和 33 年 4 月	中学校卒業後、横浜の酒屋へ奉公に。 父の助言で、砂防ダム工事現場で働く。
昭和 33 年 4 月	日本製紙工場入社。
昭和 34 年	機械との初めての出会い（台風被害を受けた機械とともに上京）。
昭和 35 年 3 月	王子高校定時制中退。
昭和 37 年 5 月	日立製作所　亀有工場入社。 二交代制で体をこわし退職。
昭和 38 年 4 月	平山運送株式会社　整備部門入社。 3 級ガソリン自動車エンジン整備士取得
昭和 40 年 6 月	川崎重機株式会社入社。 2 級ガソリン自動車エンジン整備士取得
昭和 40 年 9 月	千代田化工建設株式会社からの依頼でサウジアラビア・ジェッダの石油プラント建設機械類のメンテナンスの為に派遣される。
昭和 42 年 12 月	サウジアラビア・ジェッダから帰国。
昭和 43 年 5 月	千代田化工建設株式会社より再び依頼を受けイラン・カーグ島に。 千代田化工建設株式会社、三菱商事、三菱重工と共にプロジェクトに参加。 カーグ島では建設機械のメンテナンスに携わる。
昭和 45 年 6 月	イラン・カーグ島から帰国。
昭和 47 年 10 月	東京都、稲城市　東京建設工業株式会社　東建リフトゲート株式会社入社。
昭和 48 年 12 月	東建リフトゲート株式会社　リフトゲート部門を引き継ぐ。
昭和 52 年 7 月	東建リフトゲート株式会社より日本リフト株式会社に社名変更する。 代表取締役就任。
令和 7 年 3 月	日本リフト株式会社代表取締役会長に就任。

未来《みらい》への翼《つばさ》
—カーリフトのパイオニアが起《お》こした革新《かくしん》と挑戦《ちょうせん》—

2025年4月23日　第1刷発行

著　者　　鈴木忠彦
発行人　　久保田貴幸

発行元　　株式会社 幻冬舎メディアコンサルティング
〒151-0051　東京都渋谷区千駄ヶ谷4-9-7
電話　03-5411-6440（編集）

発売元　　株式会社 幻冬舎
〒151-0051　東京都渋谷区千駄ヶ谷4-9-7
電話　03-5411-6222（営業）

印刷・製本　中央精版印刷株式会社
装　丁　　弓田和則

検印廃止

Printed in Japan
ISBN 978-4-344-69223-7　C0095
幻冬舎メディアコンサルティング HP
https://www.gentosha-mc.com/